JN098919

データ指向型
PID制御

山本 透 編著

金子 修・脇谷 伸・木下拓矢
大西義浩・久下本秀和・小岩井一茂 共著

森北出版株式会社

まえがき

　産業界の幅広い分野において，制御技術は欠かすことのできない重要な役割を果たしているといえる．とりわけ近年では，省エネルギー化や低炭素社会の創出など環境問題との関連で，一層重要視されてきている．制御系設計といえば，対象とするシステムをまずモデル化し，そのモデルに基づいて所望の制御性能が得られるように制御系を設計する，いわゆる「モデルベース型制御系設計法」による手順がとられるのが一般的である．しかしながら，制御性能は構築したモデルの精度に大きく依存するにもかかわらず，そのモデルを構築することが難しい場合もある．一方で，コンピュータ技術の進展に伴って，データが容易に蓄積・処理できるようになってきた．データを直接利用して制御系を設計することで，モデルを構築する必要がなくなれば，制御系設計の簡易化やコスト削減の面から極めて有用である．

　このような背景から，電気学会電子・情報・システム部門制御技術委員会の傘下に，2010 年に「データ指向型制御系設計調査専門委員会」の設置が認められた．この委員会活動が「データ指向型制御系設計法」に関する研究を推進させる契機となり，2012 年には電気学会電子・情報・システム部門誌に，また 2013 年には計測自動制御学会誌に，2014 年にはシステム制御情報学会誌にと，次々と「データ指向型制御」に関する特集号が組まれるなど，制御系設計法としての一つの潮流を作り上げた．

　本書は，産業界に広く PID 制御が用いられていることに鑑み，PID 制御を基盤としたデータ指向型制御系の設計法をまとめたものである．本書は 5 章構成となっており，以下のように分担執筆いただいた．

　　第 1 章　山本　透　　　　　　　　第 2 章　金子　修，木下拓矢
　　第 3 章　脇谷　伸，木下拓矢　　　第 4 章　大西義浩，木下拓矢，久下本秀和
　　第 5 章　脇谷　伸，小岩井一茂

なお，本書は設計法の説明にとどまらず，実装への見通しを読者に与えたいという思いから，実験室レベルから実システムに至るまでの応用例を各章に含めている．具体的には，実験室レベルの応用例として，液位制御プロセス（第 3 章），温度制御プロセス（第 4 章），磁気浮上装置（第 5 章）を取り上げ，実システムへの適用例として，日本製鋼所（株）には射出成型プロセス（第 2 章），（株）サタケには米計量プロセス（第 2，3 章），住友化学（株）には排ガス燃焼プロセス（第 4 章），コベルコ建機（株）に

は油圧ショベル（第5章）への実装に，また，マツダ（株）にはドライバモデルの構築（第3章）にご協力いただいた．ここに記して謝意を表する．このように多くの応用例を掲載している点は本書の大きな特長である．

　最後に，本書執筆について森北出版からご相談頂いたのは，2013年4月だったように記憶している．あれから7年が経過し，この間，出版をあきらめようと思ったことが何度もあったが，絶えることのない激励を受け，ようやく出版するに至った．本書の出版に際してご尽力頂いた森北出版の関係各位に心より感謝する．一方で，7年経過したことで，次々と新しい設計法が誕生すると共に，実システムへの適用・検証を重ね，より実用的な設計法を本書にまとめることができたと考えている．本書がデータ指向型制御を理解する上での一助となり，また一層の普及の契機となることを切に願っている．

2020年4月

山本　透

目 次

第 1 章

データ指向型 PID 制御とは

1.1 データ指向型 PID 制御

　産業界においては，国際競争の激化などの煽りを受けて，生産性の向上，省エネルギー・省力化など，製品の品質の向上と生産コストの削減が，より一層重要視されるようになってきている．これらの問題を解決するうえで，制御システムの高機能化が進められ，とくに，産業界は環境問題との関連で，産業システムの効率的な稼働が望まれている．また，近年のコンピュータ技術の進展に伴い，大量のデータが短時間で処理できるようになってきた．そのような状況から，操業データの蓄積，処理，プログラムの構築などが比較的容易に行われ，制御性能を一層向上させるための取り組みが活発化している．この潮流は，制御系設計法の枠組みを少しずつ変化させ，最近，実験データ（閉ループデータ）を制御系設計に直接利用するデータ指向型制御† 系設計法が注目されている [1, 2]．データ指向型制御系設計法は，(1) 実験データを用いた制御器の直接的設計法，(2) データベースを用いた制御器の設計法，(3)「制御性能評価」と「制御系設計」とを統合したパフォーマンス駆動型制御系の設計法，として大きく三つの方法論に大別される [2]．いずれも制御パラメータの調整に際しては，システムの特性を表現したモデルの構築を必要としないということが大きな特長となっている．

　ところで，石油化学プロセスなどに代表される工業プロセスにおいては，PID 制御法が広く適用されており，全制御ループの 80 ％以上を占めるともいわれている [3]．その理由として，(i) 制御構造が簡単であること，(ii) 制御パラメータの物理的な意味が明確であること，(iii) オペレータのもつノウハウをそのままパラメータ調整に生かすことができること，などが考えられる．しかしながら，PID パラメータは制御性能に大きく影響を与えるため，その調整が重要な問題となっている．とりわけ，システムが非線形性を有していたり，操作条件や環境条件の変化に伴ってシステムの特性が変化したりするような場合は，PID パラメータの調整がさらに難しく，たかだか三つの

---

†　学界等では，データ駆動型制御ともよばれているが，本書では，後で述べるデータベース駆動型制御やパフォーマンス駆動型制御なども含めた総称名として，データ指向型制御とよぶ．

制御パラメータでさえも，熟練者でない限り，適切に決めることが難しいという現状にある．このような問題に対して，上述のデータ指向型アプローチの考え方に基づいて，実験データから直接 PID パラメータを調整することができれば，実装の面からも非常に好都合である．

そこで本書では，制御器を離散時間 PID 制御器に限定し，その PID パラメータをチューニングするデータ指向型 PID 制御系の設計法を取り上げる．

まず，第 2 章では，実験データから PID パラメータを直接算出する方法として，FRIT (fictitious reference iterative tuning) 法 [4] を紹介する．この手法は，制御対象が線形時不変系に限定されるため，第 3 章では非線形システムを対象としたデータベース駆動型 PID 制御法 [5] について詳述する．これは，入出力データをデータベースに格納し，このデータベースを介して PID パラメータをチューニングする手法である．データベースを介してモデリングする手法として，JIT (just-in-time) 法 [6]，lazy-learning 法 [7]，MoD (model on demand) 法 [8] などが提案されているが，データベース駆動型 PID 制御法は，これらのモデリングの考え方を制御系に拡張したものである．加えて，オンラインで PID パラメータを調整することができるという特長を有しており，適応・学習制御の一つとして位置づけられる．

第 4 章では，制御性能評価 [9, 10] に基づいて PID パラメータを調整する方法 [11] を紹介する．制御対象の特性が変化しても，所望の制御性能を維持するためには，制御性能が劣化していることを検知し，その際に制御パラメータ（本書では PID パラメータ）を適切に調整する仕組み [12, 13] が必要となる．本手法はこの仕組みを実現するものである．

第 5 章では，ニューラルネットワークの一つである小脳演算モデル [14] を用いて，PID パラメータを調整する方法 [15] を紹介する．本手法も制御対象のモデルを必要とせず，入出力データから直接 PID パラメータを算出する機構を有している．また，前述のデータベース駆動型制御と同様に，非線形システムを扱うことができるという特長を有している．

次節以降では，それぞれの方法の概略がまとめられている．

1.2　実験データを用いた PID 制御系の直接的設計

制御系の設計はまず，制御対象のモデルを構築することから始まり，そのモデルに基づいて制御系を構成するといった，いわゆる，モデルベース型制御系設計法によるところがほとんどである．これに対し，実験データ（入出力データ）から直接的に制御パラメータを算出する，VRFT (virtual reference feedback tuning) 法 [16] や FRIT

(fictitious reference iterative tuning) 法 [4] が近年注目を集めている．これらの手法
では，一回の実験データから制御パラメータを直接的に算出できるため，制御系設計
の簡略化が可能となる．また，実験データとして開ループデータに加えて，閉ループ
データを利用できることや，同定用信号（M 系列信号や PRBS (pseudo random bit
sequence) 信号など）が不要であるなど，実用化の観点からも有用なものであると考
えられる．

第 2 章では，実験データから PID 制御器を直接設計する，すなわち，実験データか
ら PID パラメータを調整することができる FRIT 法について解説している．以下に，
FRIT 法の基本的な考え方を述べる．

FRIT 法は，一回の実験によって得られた入出力データ $u_0(t)$，$y_0(t)$，およびこれら
のデータから生成される擬似参照入力 $\tilde{r}(t)$ によって，制御器の制御パラメータを直接的
に算出する方法である．図 1.1 に FRIT 法のブロック線図を示す．ここで，$C(z^{-1})/\Delta$
は PID 制御器である．このとき，図 1.1 から $C(z^{-1})$ の入出力関係は次式として書
ける．

$$u_0(t) = \frac{C(z^{-1})}{\Delta}(\tilde{r}(t) - y_0(t)) \tag{1.1}$$

式 (1.1) より擬似参照入力 $\tilde{r}(t)$ は，制御器と実験データから以下のように算出される．

$$\tilde{r}(t) = C^{-1}(z^{-1})\Delta u_0(t) + y_0(t) \tag{1.2}$$

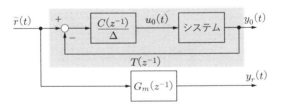

図 1.1　FRIT 法のブロック線図

一方，設計者はあらかじめ，所望の特性を有する参照モデル $G_m(z^{-1})$ を設計する．
FRIT 法では，この参照モデルに $\tilde{r}(t)$ を印加した信号（出力）$y_r(t)(= G_m(z^{-1})\tilde{r}(t))$
と $y_0(t)$ の誤差が小さくなるような PID パラメータを決定する．

モデルベース型制御系設計法は，図 1.1 に示すフィードバックループによって構成
される閉ループ系の伝達関数を $T(z^{-1})$ とするとき，$T(z^{-1}) = G_m(z^{-1})$ となるよ
うに，$C(z^{-1})$ を設計することになる．このとき，$C(z^{-1})$ を算出する際には，シス
テムの特性を記述したモデルを構築する必要がある．これに対して，FRIT 法の場合
は，$y_r(t) \to y_0(t)$ となるような $\tilde{r}(t)$ を算出することになる．このことは，式 (1.2) の

$C(z^{-1})$ に含まれる PID パラメータを，$y_r(t) \rightarrow y_0(t)$ となるように調整することを意味している．PID パラメータがうまく調整されて，$y_r(t) = y_0(t)$ となるとき，ともに入力信号が $\tilde{r}(t)$ であるので，$T(z^{-1}) = G_m(z^{-1})$ の関係が得られる．これによって，モデルベース型制御系とは異なり，システムのモデルを構築することなく，実験データのみを用いてモデルマッチング制御系を構築することができる．理論的な枠組みを含め，FRIT 法の詳細については第 2 章を参照されたい．

1.3　データベース駆動型 PID 制御系の設計

先にも述べたが，コンピュータ技術の進展に伴い，大量のデータが短時間で処理できるようになってきた．とりわけ産業プロセスにおいても，分散制御システム (DCS) の高機能化に伴って，操業データの蓄積，処理，プログラムの構築などが比較的容易に行われ，制御性能を一層向上させるための取り組みが活発化してきている．そのような中で，データベースを活用し，産業プロセスの操業データから直接制御パラメータを調整する，データベース駆動型 PID 制御系の設計法 [5] が提案されている．図 1.2 にデータベース駆動型制御系の概要図を示す．

あらかじめ操業データ（システムの入出力データ）と，これに対応する制御パラメータ（たとえば，PID 制御則における PID パラメータ）を対にして，データベースに格納する．データベース駆動型制御系は，システム（プラント）を稼働しながらデータベースを逐次参照する方式に基づいている．

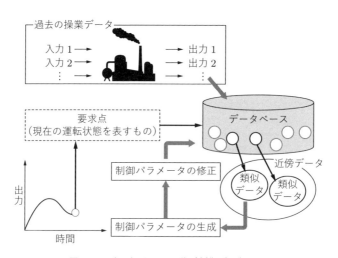

図 1.2　データベース駆動型制御系の概要図

　具体的には，まず，要求点（現時刻における入出力データ）とデータベースに格納されているデータとの距離を計算し，距離の小さなデータを近傍データとして複数個抽出する．次に，その近傍データに付随している PID パラメータに，距離の大きさに基づいて重み付けをし，要求点に対応した制御パラメータを算出する．この PID パラメータを用いて制御した際の，制御誤差の大きさに基づいて PID パラメータを更新し，要求点の入出力データと新しく更新された PID パラメータとを対にして，データベースに格納する．この手順を繰り返すことで，データベース駆動型 PID 制御系を構成することができる．具体的な設計法，ならびに数値例と熱プロセスや液面プロセスなどの実システムへの適用例について，第 3 章にまとめている．なお，前述の FRIT 法は，このデータベース駆動型制御系におけるデータベースのオフライン学習法としても利用することができ，第 3 章ではこれについても言及する．

1.4　制御性能評価に基づく PID 制御系の設計

　制御システムの制御性能（あるいは，モデリング性能）が劣化したとき，制御系を再設計する方法 [11] が提案されている．具体的には，「制御性能評価」と「制御系設計」とを統合するアプローチに基づいている．

　図 1.3 に制御性能評価に基づく PID 制御系 [2, 11] を示す．この制御系は，まず，プラントの操業データを用いて，常に制御性能を監視し，制御性能評価機構において制御性能の善し悪しを評価する．次に，制御性能が劣化していると判断されれば，制御パラメータ調整機構において，操業データを用いて新しく制御パラメータ（PID パラメータ）を算出する．一方，制御性能が良好であれば，PID パラメータを再調整することなく，そのまま継続して同じ PID パラメータで制御を行う．これによって，多少

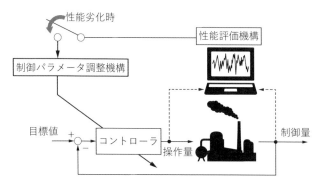

図 1.3　パフォーマンス駆動型制御系の概要図

のシステムの特性変動があっても，所望の制御性能を維持することが可能となる．この一連のプロセス（制御性能評価と PID パラメータ調整）をオフラインで行うことも可能であり，オンライン（逐次）で行うことも可能である．とくに，オンラインで行う制御系のことを「パフォーマンス駆動型制御系」[12, 13] という．なお，制御性能評価規範としては，最小分散規範 [17]，一般化最小分散規範 [18] が代表的である．PID パラメータの調整法については，実用性の観点から文献 [19] の方法が提案されており，本書ではこれを用いる．

　前述したように，パフォーマンス駆動型制御法は，「制御性能評価」と「制御系設計」をオンライン処理する方策をとっている．過去にも，パラメータ同定を逐次行い，この同定結果に基づいて制御パラメータを自己調整する，いわゆるセルフチューニング制御方式 [13] があったが，パラメータ同定を逐次行うため計算コストが大きく，また，パラメータ推定が信頼性に乏しいことが，実装の大きな障害となっていた．これに対して，パフォーマンス駆動型 PID 制御法は，必要に応じて（つまり，制御性能が劣化したときのみ）PID パラメータが自己調整されるところに大きな特長がある．なお，産業界においては，「制御性能評価」と「制御系設計」とをオンライン処理するところにはまだ至っていないが，各制御ループの「制御性能評価」を行い，調整が必要と思われる制御ループの PID パラメータを，オフラインで再調整する取り組みが報告されている [20]．

　第 4 章では，制御性能評価に基づいた PID 制御系設計法について説明している．まず，制御性能を評価する方法について概説する．産業界で用いられている PID パラメータチューニングツールと，化学プロセスの一つである，排ガス燃焼プロセスへの適用例 [21] についても紹介している．また，制御性能評価の結果に応じて，適応機構が駆動されるパフォーマンス駆動型 PID 制御法を紹介し，さらに，FRIT 法を導入することで，入出力データから直接 PID パラメータを調整するパフォーマンス駆動型 PID 制御法について述べている [22]．

1.5　小脳演算モデルを用いた PID 制御系の設計

　近年，適応・学習制御，ロバスト制御，非線形制御などの，より高度な制御手法に関する研究が盛んに行われており，その成果が PID 制御における PID パラメータ調整に適用されるようになってきた．中でも，産業プロセスのほとんどが非線形性を有していることから，これらの手法に対する現場の期待は，徐々に大きくなってきているといえる．非線形システムを制御する際には，動作点（平衡点）周りで線形近似モデルを構築し，このモデルに対して制御系を構築する手段が講じられることが多い．具

体的には，システム全体を大まかに覆う大域的なモデルを構築して，ロバスト制御の考え方に基づいて制御器を設計する場合や，局所的モデルを構築し，これに対応する局所制御器を適応的に切り替える方策がとられることがある．いずれにしても，制御性能には限界があり，性能向上のためには，非線形性に対応して，PID パラメータが適応的に調整される必要がある．また，実際の制御対象の特性があらかじめ完全に把握できるものではなく，また制御を行っている途中に特性が徐々に変化することも考えられる．このようなシステムに対する PID パラメータの調整法は，産業界において強く必要とされている．

一方，人間をはじめとする生物の脳の構造をモデル化し，その働きを制御など工学的課題に適用する研究が広くなされている．とくに最近では，コンピュータの急速な進展もあり，多くの研究成果が報告されるようになってきている．その中で，脳の神経回路構造のモデルとしてニューラルネットワークが提案され，信号処理，画像処理などの幅広い分野に利用されている．ニューラルネットワークは制御にも広く活用され，直列型ニューロコントローラ，フィードバック誤差学習型ニューロコントローラ，さらには，PID 制御のパラメータ調整に階層型のニューラルネットワークを適用した，セルフチューニング型ニューロ PID 制御法が提案されている [23, 24]．しかし，階層型ニューラルネットワークは，ニューロンの結合荷重をバックプロパゲーション（誤差逆伝搬）法などを用いて調整する構造をもち，学習に多くの時間を要することから，オンライン学習には不向きであり，事前のオフライン学習が重要な役割を果たす．このときに，学習にはシステムの特性を表現したモデル（エミュレータ）が必要となることも，実装を妨げる大きな要因となっている．

ところで，ニューラルネットワークの一種として，小脳演算モデル [14] (cerebellar model articulation controller : CMAC) が提案されている．CMAC は，バックプロパゲーション法によってネットワークの結合荷重を調整する階層型ニューラルネットワークと異なり，共有メモリ構造により，入力信号に対応して出力信号を生成し，学習時に参照するニューロンを変化させる．すなわち，学習データに対して局所的に処理することで，非線形性の強いモデルを学習することが可能である．加えて，CMAC は構造が簡単であることから，学習にかかる時間が短いという特長を有している．

第 5 章では，上述の特長を生かし，CMAC を用いて PID パラメータを調整する PID 制御系 (CMAC-PID) の一設計方法 [15] を取り上げる．そのブロック線図を図 1.4 に，また図中の CMAC-PID 調整機構の構成図を図 1.5 に示す．CMAC-PID 調整機構は三つの CMAC ($CMAC_P$, $CMAC_I$, $CMAC_D$) から構成され，それぞれ目標値 $r(t)$，制御誤差信号 $e(t)$ とその差分信号 $\Delta e(t)$ の三つの信号が入力される．それぞれの CMAC は入力信号と出力信号を対応付ける荷重表を有しており，入力信号に基

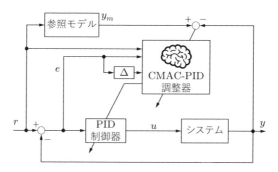

図 1.4　CMAC に基づいた PID 制御系のブロック線図

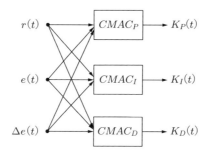

図 1.5　CMAC-PID 調整機構の構造

づいた表参照方式によって，各 PID パラメータが算出される．さらに，この PID パラメータを用いて，PID 制御器で制御入力が生成される．このとき，CMAC-PID 調整機構では，逐次（サンプリング間隔ごとに），制御誤差に応じて荷重表が変更（学習）される．詳細については，第 5 章を参照されたい．本手法は，PID 制御の枠組みをもつことから，積分器をコントローラ内に有しており，出力信号の目標値への追従性を保証することができるという特長がある．なお，この CMAC の荷重のオフライン学習にも FRIT 法が利用でき，これについての説明も加えている．さらに，実験室レベルの適用例として，CMAC-PID 制御を磁気浮上装置に適用した結果 [25] を紹介するとともに，産業応用として，油圧ショベルの操作スキルを CMAC-PID 制御によって評価した結果 [26] についても言及している．

第 2 章

実験データを用いた PID 制御系の直接的設計法

2.1 FRIT 法の基礎

　本節では，実験で得られる一組の入出力データのみを用いることで制御器のパラメータを直接調整する FRIT (fictitious reference iterative tuning) 法 [4, 27, 28, 29] について，その基本的な考え方から，PID 制御に適用した場合の最適化アルゴリズムまでを説明する．

2.1.1　システムの記述と問題設定

　まず，制御対象を線形時不変一入力一出力離散時間系として，その伝達関数を $G(z^{-1})$ とおく．なお，z^{-1} は $z^{-1}y(t) = y(t-1)$ を意味するシフト演算子である．この伝達関数 $G(z^{-1})$ は未知とし，制御対象について知りうる情報は，入力 $u(t)$ とそれに対応する出力 $y(t)$ のみという状況を考える．このような制御対象に対して，図 2.1 のように，可調整なパラメータからなる線形制御器 $C(z^{-1})/\Delta$ を考える．このとき，$\Delta = 1 - z^{-1}$ である．本節では，

$$\frac{C(z^{-1})}{\Delta} = K_P + \frac{K_I}{\Delta} + K_D\Delta \tag{2.1}$$

のような離散時間 PID 制御器を扱う．このとき，

$$C(z^{-1}) = (K_P + K_I + K_D) - (K_P + 2K_D)z^{-1} + K_Dz^{-2} \tag{2.2}$$

となる．ここで，$1/\Delta$ は離散時間における数値積分を意味し，式 (2.1) の右辺第二項

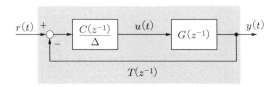

図 2.1　可調整なパラメータをもつ制御器からなる閉ループ系

は積分動作を，第三項は微分動作を示している．なお，一般に離散時間信号 $s(t)$ の累積和を $y(t)$ とすると，$y(t)$ は

$$y(t) = y(t-1) + s(t) \tag{2.3}$$

であり，

$$y(t) = \frac{1}{\Delta} s(t) \tag{2.4}$$

と書ける．以降では，どのような離散化を経たかは問わないものとし，式 (2.1) に含まれる PID ゲイン (K_P, K_I, K_D) は，離散時間上での制御パラメータとする．

図 2.1 に示す制御系において，参照信号（目標値）$r(t)$ から出力 $y(t)$ までの閉ループ伝達関数 $T(z^{-1})$ は，

$$T(z^{-1}) = \frac{G(z^{-1})C'(z^{-1})}{1 + G(z^{-1})C'(z^{-1})} \tag{2.5}$$

となる．ただし，

$$C'(z^{-1}) := \frac{C(z^{-1})}{\Delta} \tag{2.6}$$

である．同様に，参照信号 $r(t)$ から制御偏差までの伝達関数，すなわち，閉ループ系の感度関数 $S(z^{-1})$ も

$$S(z^{-1}) = \frac{1}{1 + G(z^{-1})C'(z^{-1})} \tag{2.7}$$

と書ける．さらに，このときの制御対象の入出力信号は次式として与えられる．

$$y(t) = T(z^{-1})r(t) \tag{2.8}$$

$$u(t) = S(z^{-1})C'(z^{-1})r(t) \tag{2.9}$$

前述したように，$G(z^{-1})$ が未知であるために，ここで用いることのできる情報は $u(t)$ と $y(t)$ のみである．なお，観測雑音の影響も考慮する必要があるが，ここでは説明を簡単にするため，無視できるほど小さいとする．

次に，参照信号 $r(t)$ から出力 $y(t)$ までの参照モデルを $G_m(z^{-1})$ として与え，所望の目標値応答を

$$y_m(t) := G_m(z^{-1})r(t) \tag{2.10}$$

として表す．ここで，$G_m(z^{-1})$ の具体的な設計法については，付録 A.2 を参照されたい．この所望の目標値応答への追従を達成するために，制御器のパラメータ（PID ゲイン）を，データのみを用いて直接求めることを考える．この様子を図 2.2 に示す．

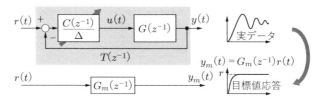

図 2.2　目標値応答への追従のための制御器のパラメータ調整

これは，所望の目標値応答と，ある制御パラメータによって構成される制御系の出力 $y(t)$ の誤差を評価する関数

$$J = \left\| y_m - T(z^{-1})r \right\|^2 = \left\| y_m - y \right\|^2 \tag{2.11}$$

を最小化することに相当する．FRIT 法とは，このような目標値応答追従問題において，一組の入出力データ（以降では u_0 と y_0 として表記する）を用いて，所望の制御パラメータを求める手法である．

なお，評価関数の $\| \bullet \|^2$ は，有限時間で採取された信号データ系列を，有限次元ベクトルとみなしたときのユークリッドノルムの二乗を意味している．すなわち，時間信号 s を有限区間で採取されたデータ系列

$$s = \begin{bmatrix} s(1) \\ s(2) \\ \vdots \\ s(N) \end{bmatrix} \in \mathbb{R}^N \tag{2.12}$$

ととらえ，そのユークリッドノルムを

$$\|s\| := \sqrt{s^{\mathrm{T}}s} = \sqrt{\sum_{t=1}^{N} s^2(t)} \tag{2.13}$$

として表記する．以降では，データ系列のサイズ数 N は，議論には陽には現れないため，とくにノルム表記上でも明記しないこととする．

2.1.2　FRIT 法の直感的な考え方

最初に FRIT 法の基本的な手順を示す．ただし，式 (2.1) で与えられる PID 制御に基づいて説明する．

■ FRIT 法の手順 ■

1 調整前の入出力データ $\{u_0(t), y_0(t)\}$ を取得する．なお，ここでの取得データは開ループ系，閉ループ系どちらでもよい．また，参照モデル $G_m(z^{-1})$ も与える．

2 オフラインで以下の信号を構成する．

$$\tilde{r}(t) = C'^{-1}(z^{-1})u_0(t) + y_0(t) \tag{2.14}$$

後述するように，$\tilde{r}(t)$ は擬似参照信号 (fictitious reference) とよばれる．

3 オフラインで次式の評価関数を最小化する．

$$J = \left\| y_0 - G_m(z^{-1})\tilde{r} \right\|^2 \tag{2.15}$$

4 最適化の結果，得られた PID ゲインを実装する．

以上から明らかなように，必要な材料は一組の初期データであり，必要な計算はオフラインで行う非線形最適化である．以下でこの手順を詳しく見ていこう．

ここでは理解を容易にするために，初期または調整前の PID 制御器を $C_0'(z^{-1})(:= C_0(z^{-1})/\Delta)$ とし，これを用いて実験を行った結果，初期データ $u_0(t)$ と $y_0(t)$ が取得できたものと仮定する．まず，初期実験の状況をブロック線図で表すと図 2.3 のようになり，閉ループ系の入出力関係は容易に

$$y_0(t) = \frac{G(z^{-1})C_0'(z^{-1})}{1 + G(z^{-1})C_0'(z^{-1})}r(t) = T_0(z^{-1})r(t) \tag{2.16}$$

と表される．この図では，制御器 $C_0'(z^{-1})$ を用いることで，入力と出力がデータとして得られるという状況を表現している．なお，$G(z^{-1})$ は未知である一方で，初期データがどのように取得されたとしても

$$y_0(t) = G(z^{-1})u_0(t) \tag{2.17}$$

なる拘束条件は満たしていることに留意しておく．

次に，図 2.3 の状況を仮想的に反転して，図 2.4 のような逆システムを考えてみる．この様子は，式 (2.16) に対する形式的な逆算では

$$r(t) = T_0^{-1}(z^{-1})y_0(t) = \frac{1 + G(z^{-1})C_0'(z^{-1})}{G(z^{-1})C_0'(z^{-1})}y_0(t)$$
$$= \frac{1}{G(z^{-1})C_0'(z^{-1})}y_0(t) + y_0(t) \tag{2.18}$$

と表され，式 (2.17) の関係を用いれば

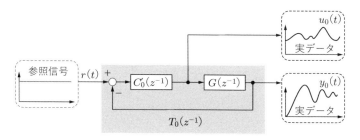

図 2.3　$C_0(z^{-1})$ を用いた初期閉ループ系

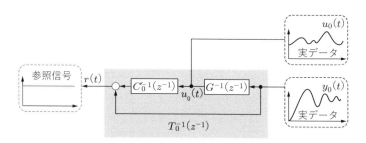

図 2.4　$C_0(z^{-1})$ を用いた初期閉ループ系を仮想的に反転
（閉ループ系の逆システムを考える）

$$r(t) = C_0'^{-1}(z^{-1})u_0(t) + y_0(t) \tag{2.19}$$

とも表される．本来，$C_0(z^{-1})$ を実装した閉ループ系にとってみれば，参照信号 $r(t)$ が印加され，それが原因となり，入力 $u_0(t)$ や出力 $y_0(t)$ が結果として発生する．この原因と結果の関係を逆転すると，$u_0(t)$ や $y_0(t)$ が，$C_0(z^{-1})$ を実装した閉ループ系の逆システム $T_0^{-1}(z^{-1})$ に印加され，参照信号 $r(t)$ が発生する，とみなすことができる．さらに，実験データという紛れもない事実として得た $\{u_0(t), y_0(t)\}$ を固定したままにすれば，参照信号 $r(t)$ は制御器 $C_0(z^{-1})$ のみに依存する形となる．そこで，制御器，つまり，制御器のパラメータをさまざまに変更して，そのパラメータに対応する参照信号を計算することを考える．このとき，式 (2.20) の関係が得られる．ただし，$\tilde{C}(z^{-1})$ は可調整パラメータからなる制御器を示しており，これにより生成される $\tilde{r}(t)$ を擬似参照信号とよぶ．ここで，$\tilde{C}'(z^{-1}) = \tilde{C}(z^{-1})/\Delta$ とすれば，擬似参照信号は

$$\tilde{r}(t) = \tilde{C}'^{-1}(z^{-1})u_0(t) + y_0(t) \tag{2.20}$$

として表すことができる．この様子を図 2.5 に示す．なお，図 2.5 は，実際にこのような制御器を実装して，反転させて実験をするということではなく，机上で仮想的に考えている状況であることに注意されたい．また，自明なように，初期パラメータか

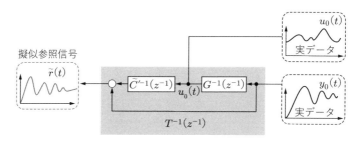

図 2.5　図 2.4 の初期パラメータを可調整パラメータに変更

らなる擬似参照信号 $\tilde{r}(t)$ は，$r(t)$ と等価であるから，$\tilde{r}(t) = r(t)$ である.

さて，このようにして算出した $\tilde{r}(t)$ を，今度は目標値応答の伝達関数 $G_m(z^{-1})$ に印加すると，出力は単に $G_m(z^{-1})\tilde{r}(t)$ として計算可能である．こうして算出した $G_m(z^{-1})\tilde{r}(t)$ と，$y_0(t)$ を比較してみよう．これは，図 2.6 のように表され，可調整パラメータによって生成される $\tilde{r}(t)$ を印加した結果の $G_m(z^{-1})\tilde{r}(t)$ と，この一連の信号の流れの原点である $y_0(t)$ を比較することになる．なお，この様子は等価的に図 2.7 のように表される．そして，$y_0(t)$ に $G_m(z^{-1})\tilde{r}(t)$ を近づけるように制御パラメータ（PID ゲイン）を机上で，すなわち実際に実験をすることなくオフラインで，変更（調整）することを考える．結局，このことが最適化の問題として，本節の冒頭で述べたような式 (2.15)

$$J = \left\| y_0(t) - G_m(z^{-1})\tilde{r}(t) \right\|^2 \tag{2.21}$$

の最小化としてとらえることができる．さらに，ある制御パラメータで，$J = 0$，つまり，理論的には粗い表現ではあるが

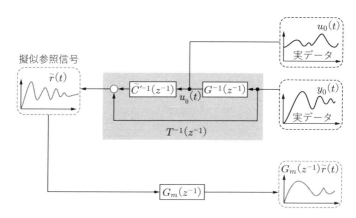

図 2.6　出力データ $y_0(t)$ と $G_m(z^{-1})\tilde{r}(t)$ の比較

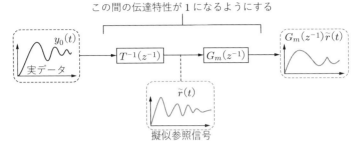

図 2.7　出力データ $y_0(t)$ から $G_m(z^{-1})\tilde{r}(t)$ にいたるまでの伝達特性

$$y_0(t) = G_m(z^{-1})\tilde{r}(t) \tag{2.22}$$

となれば，図 2.7 のように表された途中経路としての伝達特性は

$$G_m(z^{-1})T^{-1}(z^{-1}) = 1 \tag{2.23}$$

すなわち，$G_m(z^{-1}) = T(z^{-1})$ となる．そこで，このときの制御パラメータを実装して目標値 $r(t)$ を印加して実験を行うと，

$$y(t) = T(z^{-1})r(t) = G_m(z^{-1})r(t) = y_m(t) \tag{2.24}$$

となり，所望の応答を獲得できることになる．以上が，一組のデータ $\{u_0(t), y_0(t)\}$ と式 (2.15) のオフライン最適化のみで，所望の制御パラメータを求めることのできる，FRIT 法の基本的な考え方である．

　なお，式 (2.20) で導入した，入出力データ $\{u_0(t), y_0(t)\}$ と，制御器パラメータの関数としての擬似参照信号 $\tilde{r}(t)$ は，Safonov らの非反証制御の枠組みで初めて導入された [30]．非反証制御では，実装しても確実に安定化しない制御器をオンラインのリアルタイムデータを用いて判定し棄却するが，擬似参照信号はその判定に使用される．FRIT 法では，擬似参照信号を制御器チューニングという異なる目的で用いている．

2.1.3　FRIT 法の評価関数 J の意義

　前項では，FRIT 法のアイディアについて述べた．そこでは，理想的に評価関数が最適化されることを仮定して，その直感的なからくりを説明した．ただし，実際には，理想的に評価関数がゼロになることは，ほとんどの場合で不可能である．そこで，以下では評価関数の現実的な意義について述べる．

　まず，式 (2.20) の擬似参照信号の役割について考えてみる．ある制御パラメータをもつ制御器 $\tilde{C}'(z^{-1})$ を実装した閉ループ系に，これに対応する擬似参照信号 $\tilde{r}(t)$ を印

加すると，

$$
\begin{aligned}
T(z^{-1})\tilde{r}(t) &= \frac{G(z^{-1})\tilde{C}'(z^{-1})}{1 + G(z^{-1})\tilde{C}'(z^{-1})}\tilde{r}(t) \\
&= \frac{G(z^{-1})\tilde{C}'(z^{-1})}{1 + G(z^{-1})\tilde{C}'(z^{-1})}\left(\frac{1}{\tilde{C}'(z^{-1})}u_0(t) + y_0(t)\right) \\
&= \frac{G(z^{-1})\tilde{C}'(z^{-1})}{1 + G(z^{-1})\tilde{C}'(z^{-1})}\left(\frac{1}{\tilde{C}'(z^{-1})G(z^{-1})}y_0(t) + y_0(t)\right) \\
&= y_0(t) \tag{2.25}
\end{aligned}
$$

がほとんど任意[†] の制御パラメータで成立することがわかる．なお，明らかなように，途中の変形では，実際の入出力データについて成立する式 (2.17) の関係を用いている．この式 (2.25) から，ある制御パラメータからなる $\tilde{C}'(z^{-1})$ を実装した閉ループ系 $T(z^{-1})$ に，仮に $\tilde{r}(t)$ を印加するならば，初期出力データ $y_0(t)$ が再現されることがわかる．同様な事実は入力についても成立し，

$$
\begin{aligned}
\frac{\tilde{C}'(z^{-1})}{1 + G(z^{-1})\tilde{C}'(z^{-1})}\tilde{r}(t) &= \frac{\tilde{C}'(z^{-1})}{1 + G(z^{-1})\tilde{C}'(z^{-1})}\left(\frac{1}{\tilde{C}'(z^{-1})}u_0(t) + y_0(t)\right) \\
&= \frac{\tilde{C}'(z^{-1})}{1 + G(z^{-1})\tilde{C}'(z^{-1})}\left(\frac{1}{\tilde{C}'(z^{-1})}u_0(t) + G(z^{-1})u_0(t)\right) \\
&= u_0(t) \tag{2.26}
\end{aligned}
$$

のように再現される．これらの状況を表したものが図 2.8 である．このように擬似参照信号 $\tilde{r}(t)$ を，$\tilde{r}(t)$ の算出と同じ制御パラメータによる $\tilde{C}'(z^{-1})$ を実装した閉ループ系に印加（したと想定）すると，必ず初期のデータ $\{u_0(t), y_0(t)\}$ が再現される．また，式 (2.25)，(2.26) の導出の説明において，擬似参照信号のイメージをつかむために初期実験を閉ループ系で行うと仮定したが，開ループで取得した実験データを用いても，これらの二つの式の関係は成立する．なぜならば，式 (2.25)，(2.26) の導出で使っている事実は，$\{u_0(t), y_0(t)\}$ が対象の入出力データであるという式 (2.17) のみだからである．データ取得が行われた状況が，閉ループ系か開ループ系かなどは関係していない．

式 (2.25) から

$$
\tilde{r}(t) = \frac{1}{T(z^{-1})}y_0(t) \tag{2.27}
$$

[†] 「ほとんど任意」という意味は，$1 + G(z^{-1})C'(z^{-1})$ を恒等的にゼロとする制御パラメータがもし存在するならばそれを除く，という意味である．明らかなように，そのような制御パラメータはたかだか有限個しかなく，実用的にはほぼすべての制御パラメータで式 (2.25)，(2.26) の関係が成立する．

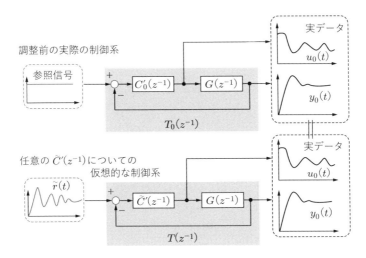

図 2.8　擬似参照信号による実際のデータ $\{u_0(t), y_0(t)\}$ の再現

を得るので，これを式 (2.15) に代入すると，

$$J = \left\| y_0 - G_m(z^{-1})\tilde{r} \right\|^2 = \left\| \left(1 - \frac{G_m(z^{-1})}{T(z^{-1})}\right) y_0 \right\|^2 \tag{2.28}$$

と表すことができる．この式 (2.28) から，評価関数 J の最小化は，参照モデル $G_m(z^{-1})$ と，ある制御パラメータを用いた際の閉ループ伝達関数 $T(z^{-1})$ の相対的誤差の，出力データ $y_0(t)$ の影響下での最小化に相当していることがわかる．つまり，現実的に式 (2.15) の最適化により $J = 0$ とならない場合でも，評価関数 J を最小化する問題は十分な意味をもつ．

　ここで，周波数領域の視点から評価関数の最小化について考えてみよう．信号のエルゴード性を仮定して，パーセバルの定理，または目標値応答のように定常値がゼロでない場合にはウィーナー・ヒンチンの定理を用いることで，時間領域で表された式 (2.28) をデータサンプル数 $N \to \infty$ のもとで周波数領域に変換すれば，

$$J \simeq \frac{1}{2\pi} \int_{-\pi}^{\pi} \left| \left(1 - \frac{G_m(e^{j\omega})}{T(e^{j\omega})}\right) Y_0(e^{j\omega}) \right|^2 d\omega \tag{2.29}$$

と表される．ここで，初期の出力データのパワースペクトル密度を $Y_0(e^{j\omega})$ としている．式 (2.29) より，$Y_0(e^{j\omega})$ が強調される周波数帯域において，$G_m(e^{j\omega})$ と，$T(e^{j\omega})$ の相対的誤差を評価しているともいえる．すなわち，初期データの周波数特性 $Y_0(e^{j\omega})$ が，所望のパラメータの獲得に大きく影響していることがわかる．これは，ちょうどシステム同定における信号の PE 性（persistently exitation，対象の動特性の情報をつかむために十分に信号が励振されていること）とも関連し，FRIT 法においても，初

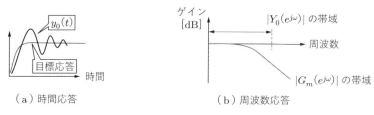

図 2.9　初期信号の影響の直感的なイメージ

期データの PE 性が調整後の閉ループ系の性能向上に関連することがわかる．図 2.9 で示したイメージ図のように，初期出力 $y_0(t)$ の帯域が，参照モデル $G_m(e^{j\omega})$ の帯域よりも広ければ，所望の目標値応答を達成するに十分な情報がデータに含まれているので，それだけ所望の目標値応答に近いパラメータの獲得が期待できる．

　これは，たとえば古くに提案された限界感度法において，振動するような応答を用いて制御器を調整することと比較すれば，極度に振動させなくとも，制御目的の周波数帯域でのデータがあれば，所望の目標値応答のパラメータを獲得するには十分であるともいえる．

2.1.4　FRIT 法のアルゴリズム

　ここで FRIT 法のアルゴリズムをまとめておこう．なお，FRIT 法における PID ゲインの最適化計算の一つとして，たとえばガウス・ニュートン法があるが，これについては，付録 A.1 を参照されたい．

STEP 1　初期設定

　所望の参照モデル $G_m(z^{-1})$（付録 A.2 参照）および制御パラメータの初期値を与える．

STEP 2　一回目の実験

　初期パラメータを使った制御器 $C_0(z^{-1})$ を，図 2.1 のように実装し，閉ループ実験を行い，入出力データ $\{u_0(t), y_0(t)\}$ を取得する（2.1.2 項の手順 1 に対応）．

STEP 3　オフライン非線形最適化

　式 (2.28) の最小化に基づいて，最適化計算により PID ゲインを算出する（同手順 2，および 3 に対応）．

STEP 4　最適化された制御パラメータを用いた実験

最適化された制御器 $C^*(z^{-1})$ を，図 2.1 のように実装し，閉ループ実験を行う（同手順 4 に対応）．

　非線形最適化計算には，ユーザが使い慣れているもの，問題に適しているものを適宜用いればよい．基本的な計算はオフラインで行うので，計算時間や CPU の負荷さえ気にならなければ，大域的な最適化や，勾配情報を用いることのできない方法も活用してもよいと考えられる．勾配情報を必要としない代表的な非線形最適化の例としては，粒子群最適化 [31]，遺伝的アルゴリズム [32]，CMAES 法 [33] などが挙げられる．

2.2　FRIT 法の使用に関するいくつかの注意

■雑音について

　本書は，雑音は無視できるほど小さいと仮定しているが，そうでない場合は，なんらかの方策を講じる必要がある．そのための現時点で最も有効な方法としては，適切なローパスフィルタを施して除去することが挙げられる．また，初期実験を開ループ実験で行った場合では，雑音の影響を定性的に，以下のように考えることもできる．対象の真の出力を $y_0(t)$，雑音 $\xi(t)$ が印加されている観測出力を

$$\bar{y}_0(t) = y_0(t) + \xi(t) \tag{2.30}$$

とする．入力も $\bar{u}_0(t)$ と表記する．このような観測雑音が存在する場合では，$y_0(t)$ が利用できないために，擬似参照信号 (2.14) を

$$\tilde{r}'(t) = C'^{-1}(z^{-1})\bar{u}_0(t) + \bar{y}_0(t) \tag{2.31}$$

のように構成し，評価関数 (2.15) も

$$J' = \left\| \bar{y}_0 - G_m(z^{-1})\tilde{r}' \right\| \tag{2.32}$$

として最適化を行うことになる．一方で，対象の入出力関係からくる拘束は式 (2.17) のままであるので，この場合では，

$$\bar{u}_0(t) = \frac{1}{G(z^{-1})}\left(\bar{y}_0(t) - \xi(t)\right) \tag{2.33}$$

である．このことを用いると，式 (2.32) は，式 (2.28) と同様に求めて

$$J' = \left\| \left(1 - \frac{G_m(z^{-1})}{T(z^{-1})}\right)\bar{y}_0 + \frac{G_m(z^{-1})}{C(z^{-1})G(z^{-1})}\xi \right\|^2 \tag{2.34}$$

のように表される．当然のことながら，雑音のない場合と違って $\xi(t)$ の影響の項が追

加されている．これを周波数領域で考えると，通常，$C(z^{-1})$ や $G(z^{-1})$ は低周波数成分を通し高周波成分をカットする特性をもっているが，式 (2.34) の右辺第 2 項からわかるように，これらの逆数が雑音に影響しているため，逆に高周波成分を強調する形となっている．そのうえで，速応性を高めるために $G_m(z^{-1})$ の通過帯域を広くしすぎると，雑音の影響をさらに強めてしまうことになるために，$G_m(z^{-1})$ の通過帯域は高周波成分を含まないような形で狭いほうが望ましい．一方で，これは $G_m(z^{-1})$ の応答特性を鈍くすることに相当するため，雑音の影響を考えた場合には，適切なトレードオフを考慮して $G_m(z^{-1})$ を選ぶ必要がある．

■入力項のペナルティについて

目標値応答の追従のみに焦点をあてるあまり，入力が過度なものになる場合も十分に想定される．通常は，装置上の制約，または，対象の保護の目的から，制御入力の印加部に上下限のリミットが設けられている．そのため，過度な入力が発生し，その上下限値を超えた場合には，リミットの範囲外の入力は印加できないために，性能の劣化が十分に予想される．したがって，入力が過度に大きな応答にならないようにすることも重要である．ただし，ここでは対象の動特性を未知としているので，実装した場合の入力の正確な予測は困難である．この問題に対する実用的な解決策を紹介する．

FRIT 法を拡張した E-FRIT 法 [34] では，実装したときの入力の推定を行うために，評価関数 (2.15) を修正した

$$J = \left\| y_0 - G_m(z^{-1})\tilde{r} \right\|^2 + \lambda \left\| \Delta \tilde{u} \right\|^2 \tag{2.35}$$

$$\tilde{u}(t) = C'(z^{-1}) \left(\tilde{r}(t) - G_m(z^{-1})\tilde{r}(t) \right) \tag{2.36}$$

なる入力ペナルティ項を付加した評価関数を提案している．ここで $\Delta \tilde{u}(t)$ は，差分 $\tilde{u}(t) - \tilde{u}(t-1)$ を表している．これは，プロセス制御の分野では，ほとんどが積分特性に近い動特性をもっているために，入力そのものではなく，入力の変動分を考慮しようということからきている．λ は，入力ペナルティをどの程度評価するかを決める設定パラメータである．E-FRIT 法で採用されているこのような入力ペナルティの付加も，過度な入力を防ぐための有用な手段といえる．

2.3　比例・微分先行型 PID (I-PD) 制御系

PID 制御系をそのまま使って，ステップ入力に対する目標値応答の達成を考えることは，実用上は避けるべき場合が多い．これは，制御器にとっては入力である偏差信号 $e = r - y$ が，目標値変更の際大きく変動するため，過大な入力（キッキング）を

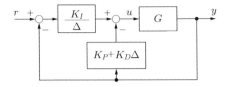

図 2.10　比例・微分先行型 PID 制御系（I-PD 制御系）

生成することになるからである．そのような場合の一つの解決策として，図 2.10 に示すような比例・微分先行型 (I-PD) 制御系 [35] が提案されている．ここでは，I-PD 制御系を FRIT 法で設計することを考えよう．

図 2.10 のシステムについて，初期 PID ゲイン K_{P0}, K_{I0}, K_{D0} を用いて，初期データ $u_0(t), y_0(t)$ を取得したとする．このときの制御器周りの入出力関係は

$$u_0(t) = \frac{K_{I0}}{\Delta}(r(t) - y_0(t)) - K_{P0}y_0(t) - K_{D0}\Delta y_0(t) \tag{2.37}$$

である．これを参照信号 $r(t)$ について解いて書き直すと，簡単な計算より

$$r(t) = y_0(t) + \frac{\Delta}{K_{I0}}\{u_0(t) + K_{P0}y_0(t) + K_{D0}\Delta y_0(t)\} \tag{2.38}$$

となる．ここで，PID ゲインを調整することを考え，式 (2.20) と同様に次式のとおり書き換える．

$$\tilde{r}(t) = y_0(t) + \frac{\Delta}{\tilde{K}_I}\left\{u_0(t) + \tilde{K}_P y_0(t) + \tilde{K}_D \Delta y_0(t)\right\} \tag{2.39}$$

この $\tilde{r}(t)$ が，可調整パラメータをもつ I-PD 制御器による擬似参照信号である．ここで，式 (2.39) の擬似参照信号 $\tilde{r}(t)$ を，そのときの閉ループ系 $T(z^{-1})$ に印加することを想定し，出力をみてみよう．まず，$T(z^{-1})$ は

$$T(z^{-1}) = \frac{G(z^{-1})}{1 + G(z^{-1})\tilde{C}(z^{-1})}\frac{\tilde{K}_I}{\Delta} \tag{2.40}$$

$$\tilde{C}(z^{-1}) := \tilde{K}_P + \frac{\tilde{K}_I}{\Delta} + \tilde{K}_D\Delta \tag{2.41}$$

と表される．これより，式 (2.25) と同様に $y_0(t) = G(z^{-1})u_0(t)$ の関係を用いることで，

$$T(z^{-1})\tilde{r}(t) = \frac{G(z^{-1})}{1 + G(z^{-1})C(z^{-1})}\frac{\tilde{K}_I}{\Delta}$$
$$\left[y_0(t) + \frac{\Delta}{\tilde{K}_I}\left\{u_0(t) + \tilde{K}_P y_0(t) + \tilde{K}_D \Delta y_0(t)\right\}\right]$$

$$= \frac{G(z^{-1})}{1 + G(z^{-1})C(z^{-1})} \frac{\tilde{K}_I}{\Delta}$$
$$\left[1 + \frac{\Delta}{\tilde{K}_I} \left\{ \frac{1}{G(z^{-1})} + \tilde{K}_P + \tilde{K}_D \Delta \right\} \right] y_0(t)$$
$$= \frac{G(z^{-1})}{1 + G(z^{-1})C(z^{-1})} \left\{ \frac{\tilde{K}_I}{\Delta} + \frac{1}{G(z^{-1})} + \tilde{K}_P + \tilde{K}_D \Delta \right\} y_0(t)$$
$$= \frac{G(z^{-1})}{1 + G(z^{-1})C(z^{-1})} \frac{1}{G(z^{-1})}$$
$$\left[1 + G(z^{-1}) \left\{ \frac{\tilde{K}_I}{\Delta} + \tilde{K}_P + \tilde{K}_D \Delta \right\} \right] y_0(t)$$
$$= y_0(t) \tag{2.42}$$

となることが確認できる．なお，ここでの説明では，擬似参照信号の説明を目的として，初期データを取得するための制御パラメータを用いた閉ループ系での実験を行うとしているが，必ずしもこれは必要ではない．$y_0(t) = G(z^{-1})u_0(t)$ の関係を満たす初期データを得ることができれば，開ループ系の実験でも十分である．

次に，式 (2.15) と同様に，擬似参照信号を用いて評価関数

$$J = \left\| y_0(t) - G_m(z^{-1})\tilde{r}(t) \right\|^2 \tag{2.43}$$

を最小化する．ここで，式 (2.39) から，$\rho_1 := 1/\tilde{K}_I, \rho_2 := \tilde{K}_P/\tilde{K}_I, \rho_3 := \tilde{K}_P/\tilde{K}_I$ として置き換えると，式 (2.43) の最適化は，ρ_1, ρ_2, ρ_3 に関して最小二乗法で解くことができる．そして，解いた後に，$\tilde{K}_P, \tilde{K}_I, \tilde{K}_D$ に戻せばよい．このような簡便な計算で FRIT が実行できる点は，PID 制御にはない，I-PD 制御の特長である．

なお，この評価関数 (2.43) は，式 (2.42) の関係を $\tilde{r}(t) = T^{-1}(z^{-1})y_0(t)$ と書き，改めて式 (2.43) に代入することで，2.1.3 項での説明，とくに式 (2.28) と同様に

$$J = \left\| y_0 - G_m(z^{-1})\tilde{r} \right\|^2 = \left\| \left(1 - \frac{G_m(z^{-1})}{T(z^{-1})} \right) y_0 \right\|^2 \tag{2.44}$$

と書き直すことができる．これにより J の最小化は，目標値応答伝達関数 $G_m(z^{-1})$ と $T(z^{-1})$ の相対誤差を，初期出力のもとで最小化していることに相当することがわかる．

2.4　数値シミュレーション

それでは，FRIT 法の有効性を，数値シミュレーションで確認していこう．

2.4.1 高次系に対するシミュレーション

次式で与えられる高次システムを制御対象とする.

$$G(s) = \frac{390s + 260}{35s^4 + 209s^3 + 418s^2 + 316s + 7} \tag{2.45}$$

これを,サンプリング間隔 $T_s = 1.0\,\mathrm{s}$ で離散化すると,次式の離散時間モデル† が得られる.

$$\begin{aligned}
y(t) =\ &1.325y(t-1) - 0.495y(t-2) + 0.067y(t-3)\\
&- 0.002y(t-4) + 0.550u(t-1) + 0.360u(t-2)\\
&- 0.290u(t-3) - 0.019u(t-4)
\end{aligned} \tag{2.46}$$

まず,初期 PID パラメータを,$K_P = 0.6$,$K_I = 0.4$,$K_D = 0.2$ として,比例・微分先行型 PID (I-PD) 制御を行った.その制御結果を図 2.11 に示す.ここで,目標

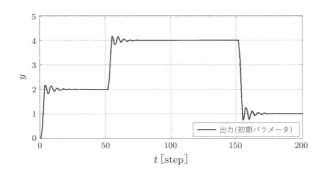

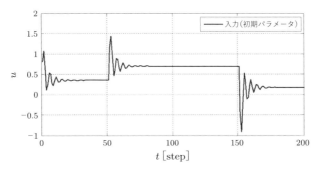

図 2.11　I-PD 制御による制御結果（初期パラメータ：$K_P = 0.6$,$K_I = 0.4$,
　　　　　$K_D = 0.2$）

$\dagger$　なお,このシステム（離散時間モデル）は,数値シミュレーションの際に応答波形を確認するためのもので,制御系設計の際には,これを用いないことに注意されたい.

値は次式のように，ステップ状に変化するように設定した．

$$r(t) = \begin{cases} 2.0 \ (0 < t \leq 50) \\ 4.0 \ (50 < t \leq 150) \\ 1.0 \ (150 < t \leq 200) \end{cases} \tag{2.47}$$

図 2.11 から，最終的に目標値に収束はしているものの，過渡状態において振動的であることがわかる．

次に，図 2.11 に示す入出力データを用いて，FRIT 法により PID パラメータを算出する．このとき，参照モデル $G_m(z^{-1})$ を次式のように設計した．

$$G_m(z^{-1}) = \frac{0.155z^{-1}}{1 - 1.213z^{-1} + 0.368z^{-2}} \tag{2.48}$$

この参照モデルの設計については，付録 A.2 を参照されたい．なお，付録 A.2 にある設計パラメータを $\sigma = 4.0\,\mathrm{s}$，$\delta = 0.0$ と設定している．このとき，FRIT 法によって算出された PID パラメータは，$K_P = 0.667$，$K_I = 0.206$，$K_D = 0.447$ となった．なお，FRIT 法の適用に際して，非線形最適化には，勾配法ではなく MATLAB Optimization Toolbox 'fminsearch' を使用した．この PID パラメータを適用した結果を図 2.12 に示す．図 2.12 からわかるように，過渡状態での制御入力 (u) が若干振

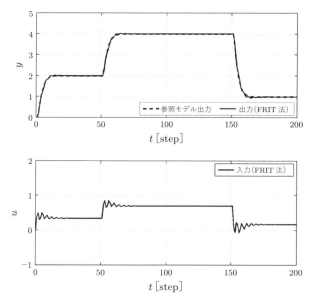

図 2.12　I-PD 制御による制御結果（FRIT 法適用：$K_P = 0.667$，$K_I = 0.206$，$K_D = 0.447$）

動しているものの，追従性が良好な制御結果が得られている．なお，同じ立ち上がり特性をもつ応答で，制御入力の振動を取り除くためには，より高次のコントローラが必要であると思われる．

2.4.2 むだ時間系に対するシミュレーション

プロセスシステムの多くは，むだ時間を有することが多い．そこで，次式で与えられるむだ時間系を対象とした数値シミュレーションを行う．

$$G(s) = \frac{1}{s^3 + 2s^2 + 6s + 2}e^{-4s} \tag{2.49}$$

先と同様に，これをサンプリング間隔 $T_s = 1.0\,\mathrm{s}$ で離散化すると，次式の離散時間モデルが得られる．

$$\begin{aligned} y(t) &= 0.187y(t-1) + 0.151y(t-2) + 0.135y(t-3) \\ &\quad + 0.083u(t-5) + 0.152u(t-6) + 0.0289u(t-7) \end{aligned} \tag{2.50}$$

まず，この制御対象に対して，初期 PID パラメータ $K_P = 0.57$, $K_I = 0.24$, $K_D = 1.15$ による I-PD 制御を適用した．その制御結果を図 2.13 に示す．図 2.13 で

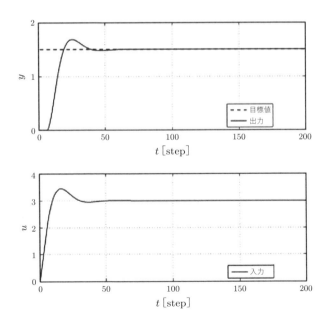

図 2.13 I-PD 制御による制御結果（初期パラメータ：$K_P = 0.57$, $K_I = 0.24$, $K_D = 1.15$）

は，むだ時間の影響によるためか，過渡状態にオーバーシュートが見られる．

　次に，この入出力データを用いて，FRIT 法により PID パラメータを算出する．ここでの参照モデルを次式とした．

$$G_m(z^{-1}) = \frac{0.049z^{-5}}{1 - 1.558z^{-1} + 0.607z^{-2}} \tag{2.51}$$

設計パラメータは $\sigma = 6.0\,\mathrm{s}$，$\delta = 0.0$ とした（付録 A.2 参照）．この参照モデルにおいて，分子が $0.049z^{-5}$ となっていることに注意されたい．ここでは，むだ時間はあらかじめわかっているものとして，参照モデルに加えている．このとき，FRIT 法によって，PID パラメータは $K_P = 1.152$，$K_I = 0.286$，$K_D = 1.729$ と算出された．この PID パラメータを用いて制御を行った結果を図 2.14 に示す．図 2.13 と同様の立ち上がり時間であるにも関わらず，オーバーシュートのない良好な制御結果が得られていることが図 2.14 からわかる．

　ここで，上述のようにむだ時間が前もって特定できる場合は，そのむだ時間に合わせて，PID パラメータのみを FRIT 法によって算出することができるが，プロセスシステムにおいては往々にして，むだ時間をあらかじめ特定することが困難な場合も存在する．そのような場合は，想定されるむだ時間の範囲で参照モデルの分子に含まれるむだ時間を順に変更し，それぞれのむだ時間に対応して，FRIT 法により PID パラ

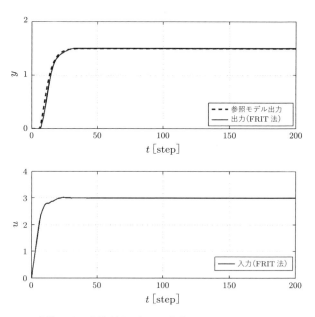

図 2.14　I-PD 制御による制御結果（FRIT 法適用：$K_P = 1.152$，$K_I = 0.286$，
　　　　$K_D = 1.729$）

メータを算出し，その際の式 (2.43) による誤差を評価することで，併せてむだ時間を算出することも可能であると考えられる．

2.5　実システムへの応用

FRIT 法の有効性を検証するために，実システムへの応用例として，射出成型プロセスおよび，米計量プロセスへの適用結果を紹介する．

2.5.1　射出成型プロセスへの適用

図 2.15 に示す射出成型プロセスは，熱プロセスの一つである．横方向に複数の温調ゾーンを配し，各ゾーンにおいて熱電対で計測される温度があらかじめ設定した目標値になるように，ヒータの操作量を調節する．ホッパから投入された樹脂は，スクリュの回転によって先端側に輸送され，せん断力や摩擦力による発熱と，シリンダ内のヒータからの熱によって溶融される．樹脂がリザーバに溜まるにしたがって，スクリュが所定位置まで後退し，可塑化が完了する．この後，スクリュが前進して金型に樹脂が射出充填され，冷却・固化した成型品が取り出される．この制御対象では，成型品の品質を維持する目的から，環境条件の変化や成形条件の変更に対応して，各ゾーンの温度が適切に調整される必要がある．図 2.15 からわかるように，H1, H2, H3 と NH1，NH2 の五つのヒータがシリンダに取り付けられ，それぞれのゾーンにおいて温度制御が実行される．本来は，これら五つのゾーンの温度制御を実行するためには，この制御対象を多変数系としてとらえる必要があるが，ここでは FRIT 法の有用性を確認することを目的としているため，NH2（最先端）ゾーンのみを取り出し，制御を行う．

まず，初期パラメータ $K_P = 10.0$，$K_I = 1.5$ とした比例先行型 PI (I-P) 制御を行

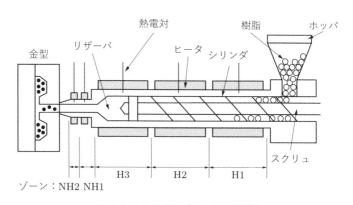

図 2.15　射出成型プロセスの概要図

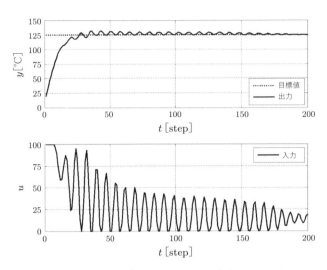

図 2.16　I-P 制御による射出成型プロセスの制御結果（初期パラメータ：$K_P = 10.0$,
　　　$K_I = 1.5$）

う．このときの制御結果を図 2.16 に示す．ただし，サンプリング間隔は $T_s = 3.0\,\mathrm{s}$ と
した．図 2.16 から明らかなように，制御応答は過度に振動的であり，必ずしも良好な
制御結果が得られているとはいえない．ここで，この制御対象は，時定数に対してむ
だ時間が極めて小さいので，I-P 制御を適用している．

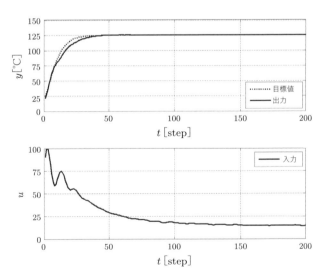

図 2.17　I-P 制御による射出成型プロセスの制御結果（FRIT 法適用：$K_P = 4.91$,
　　　$K_I = 0.45$）

一方，上述の制御結果の入出力データを用いて，FRIT 法により PI パラメータを算出する．なお，参照モデルは次式とした．ただし，ここでは $\sigma = 30.0\,\mathrm{s}$，$\delta = 0.0$ と設定した（付録 A.2 参照）．

$$G_m(z^{-1}) = \frac{0.032z^{-2}}{1 - 1.638z^{-1} + 0.670z^{-2}} \tag{2.52}$$

このとき，$K_P = 4.91$，$K_I = 0.45$ として PI パラメータが算出された．この PI パラメータによる I-P 制御を行ったところ，図 2.17 に示す制御結果が得られた．図 2.17 から，図 2.16 と同等の立ち上がり時間でありながら，振動することなく良好に目標値に追従していることがわかる．

この結果より，本章で紹介した FRIT 法により，入出力データから適切に制御パラメータが調整され，所望の制御応答が得られていることがわかる．

2.5.2　米計量プロセスへの適用

精米業界では，ブレンド米の生産過程において，米の流量が一定ではない場合，それぞれの米の品種の比率が変動してしまい，製品の品質に影響が出るという問題がある．高品質なブレンド米の生産を実現するために正確な重量を計測する必要があり，計量機を用いてその流量を制御している．

図 2.18 に米計量プロセスの概要図を示す．この米計量プロセスは，供給ゲートを通して，米を計量漕へ投入する．その後，排出ゲートから米が排出される際に米の計量を行う．具体的には，計量漕内のロードセルを用いて，単位時間あたりでの米の重量値の変化量を検出することで流量を計測する．この方法で算出した米の流量値が，目

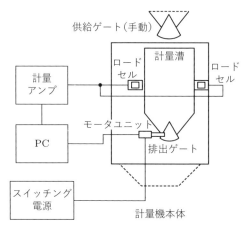

図 2.18　米計量プロセスの概要図

標流量になるよう排出ゲートの開度の制御を行う．ここで，排出ゲートの開度を入力 $u(t)$，米の流量値を出力 $y(t)$ とする．

まず，参照モデルは次式とした．ただし，$T_s = 0.4\,\mathrm{s}$，$\sigma = 3\,\mathrm{s}$，$\delta = 0.0$ とした．

$$G_m(z^{-1}) = \frac{0.055 z^{-1}}{1 - 1.532 z^{-1} + 0.586 z^{-2}} \tag{2.53}$$

FRIT 法には初期データが必要になるため，初期パラメータ $K_P = 0.12$，$K_I = 0.05$，$K_D = 0.20$ として I-PD 制御を行う．このときの制御結果を図 2.19，2.20 に示す．ただし，図 2.19，2.20 は目標流量 $r(t)$ を，それぞれ $r(t) = 70\%$，$r(t) = 100\%$ とした場合の制御結果である．図 2.19，2.20 から，どちらも目標値 $r(t)$ に対して，オーバーシュートが発生しており，参照モデル出力 $y_m(t)$ に追従していないことが確認できる．

次に，上述の制御結果の入出力データを用いて，FRIT 法により PID パラメータを算出したところ，$r(t) = 70\%$ の場合は $K_P = 3.18$，$K_I = 0.06$，$K_D = 0.00$ が算出され，$r(t) = 100\%$ の場合は $K_P = 3.56$，$K_I = 0.05$，$K_D = 0.00$ が算出された．そのときの制御結果を図 2.21，2.22 にそれぞれ示す．図 2.21，2.22 の結果から，出力 $y(t)$ が参照モデル出力 $y_m(t)$ に追従しており，FRIT 法の有効性を確認することができる．

なお，本項の制御結果から，目標値によって適切に PID パラメータを調整する必要があることもわかる．このように，動作条件が変わるとシステムの特性が変化するシステムも多く，このようなシステムに対しては，第 3 章で述べるデータベース駆動型

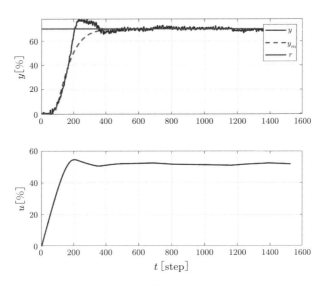

図 2.19　目標流量 70％の場合の初期制御結果（初期パラメータ：$K_P = 0.12$, $K_I = 0.05, K_D = 0.20$）

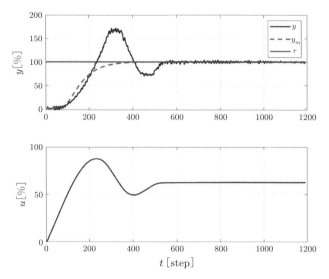

図 2.20 目標流量 100 ％の場合の初期制御結果（初期パラメータ：$K_P = 0.12$, $K_I = 0.05, K_D = 0.20$）

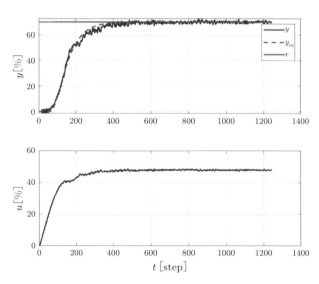

図 2.21 目標流量 70 ％の場合の FRIT 法適用制御結果 ($K_P = 3.18, K_I = 0.06$, $K_D = 0.00$)

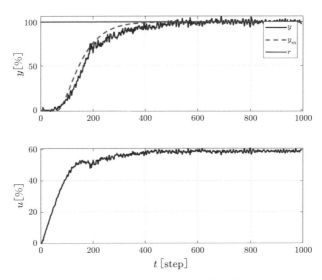

図 2.22　目標流量 100 ％の場合の FRIT 法適用制御結果（$K_P = 3.56, K_I = 0.05$, $K_D = 0.00$）

制御が有効であると考えられる．これについては，3.2.3 項で述べる．

第3章

データベース駆動型 PID 制御

3.1　データベース駆動型 PID 制御系の設計 [5, 36]

　データベース駆動型制御系は，データベースに基づいて適応的に制御器パラメータを調整する手法である．ここでは，データベースに格納されるデータ（情報ベクトル）の定義と，データベースに基づく PID パラメータの調整法について順を追って説明する．

3.1.1　システムの記述

　システムの離散時間表現が次式で表されるものとする．

$$y(t) = f(\phi(t-1)) \tag{3.1}$$

ここで，前章と同様に，$y(t)$ は時刻 t におけるシステムの出力（制御量）を表している．$f(\cdot)$ は制御対象の非線形関数，ベクトル $\phi(t-1)$ は時刻 t よりも前のシステムの状態（ヒストリカルデータ）を表し，次式で定義される．

$$\phi(t-1) := [y(t-1), \ldots, y(t-n_y), u(t-1), \ldots, u(t-n_u)] \tag{3.2}$$

式 (3.2) において，$u(t)$ は制御入力（操作量），n_y および n_u は y と u の次数を表しており，システムの事前情報などに基づき，あらかじめ決定しておく[†1]．

3.1.2　PID 制御則 [35]

　制御則として，次式の比例・微分先行型 PID (I-PD) 制御則を考える[†2]．

$$u(t) = u(t-1) + K_I(t)e(t) - K_P(t)\Delta y(t) - K_D(t)\Delta^2 y(t) \tag{3.3}$$

式 (3.3) における $e(t)$ は制御偏差であり，目標値 $r(t)$ と出力 $y(t)$ を用いて次式で定

---

†1　システムの事前情報が全く利用できない場合は，試行錯誤的に決定する必要が生じる．

†2　式 (2.37) の両辺に $1 - z^{-1}$ を乗じた形になっている．

義される.

$$e(t) := r(t) - y(t) \tag{3.4}$$

式 (3.3) において，$K_I(t)$，$K_P(t)$ および $K_D(t)$ は，それぞれ，積分ゲイン，比例ゲイン，微分ゲインを表している．データベース駆動型 PID（以下，DD-PID）制御系は，PID ゲインをオンラインで調整することで，制御対象が非線形性を有する場合においても，その特性に対応して PID ゲインを適応的に調整しようとするものである．次項では，データベースを用いた PID ゲインの調整手順を示す．

3.1.3　データベースに基づく PID ゲインの調整

式 (3.3) の制御則を次式のように表す.

$$u(t) = g(\phi'(t)) \tag{3.5}$$

$$\phi'(t) := [\boldsymbol{\theta}(t), r(t), y(t), y(t-1), y(t-2), u(t-1)] \tag{3.6}$$

$$\boldsymbol{\theta}(t) := [K_P(t), K_I(t), K_D(t)] \tag{3.7}$$

ただし，$g(\cdot)$ は線形関数を表す．ここで，式 (3.5) を式 (3.1)，(3.2) に代入すると，次式を得る（$y(t+1)$ となっていることに注意されたい）．

$$y(t+1) = h(\tilde{\phi}(t)) \tag{3.8}$$

$$\tilde{\phi}(t) := [y(t), \ldots, y(t-n_y+1), \boldsymbol{\theta}(t), r(t), u(t-1), \ldots, u(t-n_u+1)] \tag{3.9}$$

ただし，式 (3.6) の関係より，$n_y \geq 3, n_u \geq 1$ であり，$h(\cdot)$ は非線形関数を表している．式 (3.9) を変形することにより，$\boldsymbol{\theta}(t)$ は以下のように表される．

$$\boldsymbol{\theta}(t) = F(\bar{\phi}(t)) \tag{3.10}$$

$$\bar{\phi}(t) := [y(t+1), y(t), \ldots, y(t-n_y+1),$$
$$r(t), u(t-1), \ldots, u(t-n_u+1)] \tag{3.11}$$

ここで，$F(\cdot)$ は非線形関数を表している．式 (3.11) には，未来の値 $y(t+1)$ が含まれているが，$y(t+1) \to r(t+1)$ となるような制御系を設計しようと考えていることから，ここでは $y(t+1)$ を $r(t+1)$ に置き換えて考える．また，$r(t+1)$ は時刻 t において与えられるものとする．したがって，式 (3.11) の $\bar{\phi}(t)$ を改めて以下のように定義する．

$$\bar{\phi}(t) := [r(t+1),\, r(t),\, y(t),\, \ldots,\, y(t-n_y+1),\, u(t-1),\, \ldots,\, u(t-n_u+1)] \tag{3.12}$$

なお，ベクトル $\bar{\phi}(t)$ を，情報ベクトルとよぶ．以上の準備のもと，PID ゲインの具体的な調整アルゴリズムを示す．

STEP 1　初期データベースの設計

　DD-PID 制御系設計では，過去の蓄積データが存在しない場合，原理的にパラメータ調整を行うことができない．したがって，本手法では，ある平衡点周りで得られた入出力データから，Zieglar & Nichols (ZN) 法 [37] や，Chein, Hrones & Reswick (CHR) 法 [35] などに基づいて算出した PID ゲインを用いて，操業データ（目標値：r_0，システム出力：y_0，制御入力：u_0）を取得し，それによる入出力データと PID ゲインからなる次式を，初期データベースとして作成する．

$$\Phi_j = [\bar{\phi}(t_j),\, \boldsymbol{\theta}(t_j)] \quad (j=1,2,\ldots,\,N(0)) \tag{3.13}$$

このとき，Φ_j をデータセットとよぶ．ここで，j はデータベースの j 番目のデータセットであることを示している．また，$N(0)$ は初期の操業によって得られるデータセットの数を示している．STEP 1 の時点では，固定の初期 PID ゲインによって操業されているため，$\boldsymbol{\theta}(t_1) = \cdots = \boldsymbol{\theta}(t_{N(0)})$ である．

STEP 2　距離の計算・近傍データの抽出

　STEP 2 以降では，STEP 1 で得られたデータベースを用いて，PID ゲインを調整する．実際にシステムを稼働し，時刻 t において，式 (3.12) の情報ベクトル $\bar{\phi}(t)$ を取得する．この時刻 t における情報ベクトルを要求点（クエリ）とよぶ．次に，要求点 $\bar{\phi}(t)$ とデータベース内の各データセット Φ_j に含まれる情報ベクトル $\bar{\phi}(t_j)$ との距離 $d_j(\bar{\phi}(t),\bar{\phi}(t_j))$ を計算する．ここでは，$d_j(\bar{\phi}(t),\bar{\phi}(t_j))$ を次式の重み付き $\mathcal{L}_1$ ノルムによって計算する．

$$d_j(\bar{\phi}(t),\bar{\phi}(t_j)) = \sum_{l=1}^{n_y+n_u+1} \left| \frac{\bar{\phi}_l(t) - \bar{\phi}_l(t_j)}{\max_m(\bar{\phi}_l(m)) - \min_m(\bar{\phi}_l(m))} \right| \tag{3.14}$$
$$(j=1,\ldots,N(t))$$

ここで，$N(t)$ は時刻 t においてデータベースに蓄えられているデータセットの数† を表している．また，$\bar{\phi}_l(t)$ は，要求点の l 番目の要素を示しており，同じく，$\bar{\phi}_l(t_j)$ も

---

† データセットの数は，システムの稼働中に増加する可能性があるため，時刻 t の関数としている．詳細は後述の STEP 4 を参照のこと．

j 番目のデータセットに含まれる情報ベクトル $\bar{\phi}(t_j)$ の l 番目の要素を表す．さらに，$\max_m(\bar{\phi}_l(m))$ は，データベースにあるすべての情報ベクトル $\bar{\phi}(t_j)$ $(j = 1, 2, \ldots, N(t))$ の l 番目の要素の中で，最も大きな要素を示している．また，$\min_m(\bar{\phi}_l(m))$ は，同様に最も小さな要素を示している．いま，式 (3.14) により求められた距離 d_j が小さいものから，上位 n 個の情報ベクトルを，近傍データとして抽出する．

STEP 3　PID ゲインの算出

STEP 2 において選択された近傍に対し，以下で示される重み付き線形平均法 (linearly weighted average : LWA) により，局所モデルを構成する．

$$\boldsymbol{\theta}^{\mathrm{old}}(t) = \sum_{i=1}^{n} w_i \boldsymbol{\theta}(t_i) \tag{3.15}$$

ただし，

$$\boldsymbol{\theta}^{\mathrm{old}}(t) := [K_P^{\mathrm{old}}(t),\ K_I^{\mathrm{old}}(t),\ K_D^{\mathrm{old}}(t)] \tag{3.16}$$

である．また，w_i は選択された第 i 番目の情報ベクトルに含まれる $\boldsymbol{\theta}(t_i)$ に対する重みであり，$\sum_{i=1}^{n} w_i = 1$ を満足するものとする．本書では，重み w_i を次式で与える．

$$w_i = \frac{\exp(-d_i)}{\displaystyle\sum_{i=1}^{k} \exp(-d_i)} \tag{3.17}$$

この方法では，仮にクエリとデータベースの情報ベクトルが一致した（すなわち $d_i = 0$）としても，重み計算におけるゼロによる除算（ゼロ割）を防ぐことができる．以上の方法で算出された PID ゲイン $\boldsymbol{\theta}^{\mathrm{old}}(t)$ を用いて，式 (3.3) より $u(t)$ を算出する．

STEP 4　PID ゲインの学習および新規データセットの追加

式 (3.16) で得られた PID ゲイン $\boldsymbol{\theta}^{\mathrm{old}}$ を用いて制御したとき，システムの非線形性などによって，必ずしも所望の制御性能が得られるとは限らない．そこで，$\boldsymbol{\theta}^{\mathrm{old}}$ に対して，制御誤差の大きさに応じた修正（学習）を行い，その修正されたデータ $\boldsymbol{\theta}^{\mathrm{new}}$ をデータベースに蓄えるものとする．学習には，以下の最急降下法を用いる．

$$\boldsymbol{\theta}^{\mathrm{new}}(t) = \boldsymbol{\theta}^{\mathrm{old}}(t) - \boldsymbol{\eta}\frac{\partial J(t+1)}{\partial \boldsymbol{\theta}^{\mathrm{old}}(t)} \tag{3.18}$$

$$\boldsymbol{\eta} := [\eta_P,\ \eta_I,\ \eta_D]$$

ここで，$\boldsymbol{\eta}$ は学習係数ベクトル，$J(t+1)$ は以下で定義される誤差の評価規範を表している．

$$J(t) := \frac{1}{2}\varepsilon(t)^2 \tag{3.19}$$

$$\varepsilon(t) := y_m(t) - y(t) \tag{3.20}$$

ただし，$y_m(t)$ は参照モデルの出力を表しており，次式で与えられる．

$$y_m(t) = G_m(z^{-1})r(t) \tag{3.21}$$

$G_m(z^{-1})$ は参照モデルであり，付録 A.2 によって与えられる．式 (3.18) の修正則において，時刻 t における $\boldsymbol{\theta}^{\mathrm{new}}(t)$ が $J(t+1)$ に基づいて修正されていることに注意しよう．これは，離散時間系において，$\boldsymbol{\theta}^{\mathrm{old}}(t)$ によって生成される $u(t)$ が制御量 $y(t+1)$ に影響するためである．そのため，データベースの修正は 1 ステップ遅れて行われることになる．

式 (3.18) の第二項の微分について，微分連鎖則を用いて以下のように展開する．

$$\frac{\partial J(t+1)}{\partial \boldsymbol{\theta}^{\mathrm{old}}(t)} = \frac{\partial J(t+1)}{\partial \varepsilon(t+1)}\frac{\partial \varepsilon(t+1)}{\partial y(t+1)}\frac{\partial y(t+1)}{\partial u(t)}\frac{\partial u(t)}{\partial \boldsymbol{\theta}^{\mathrm{old}}(t)} \tag{3.22}$$

それぞれの偏微分の値を計算してみよう．

まず，式 (3.19)，(3.20) より，それぞれを偏微分して次式を得る．

$$\frac{\partial J(t+1)}{\partial \varepsilon(t+1)} = \varepsilon(t+1) \tag{3.23}$$

$$\frac{\partial \varepsilon(t+1)}{\partial y(t+1)} = -1 \tag{3.24}$$

次に，式 (3.3) に基づき $\partial u(t)/\partial \boldsymbol{\theta}^{\mathrm{old}}(t)$ を計算すると，それぞれの PID ゲインに対して次式を得る[†]．

$$\frac{\partial u(t)}{\partial K_P^{\mathrm{old}}(t)} = -\Delta y(t) \tag{3.25}$$

$$\frac{\partial u(t)}{\partial K_I^{\mathrm{old}}(t)} = e(t) \tag{3.26}$$

$$\frac{\partial u(t)}{\partial K_D^{\mathrm{old}}(t)} = -\Delta^2 y(t) \tag{3.27}$$

式 (3.22) を計算するためには，これらのほかに，システムヤコビアン $\partial y(t+1)/u(t)$ を求めなければならない．しかしながら，制御対象の数理モデルが不明である場合，シ

[†] 式 (3.3) の I-PD 制御則に式 (3.16) の PID ゲインを用いるため，制御則は

$$u(t) = u(t-1) + K_I^{\mathrm{old}}(t)e(t) - K_P^{\mathrm{old}}(t)\Delta y(t) - K_D^{\mathrm{old}}(t)\Delta^2 y(t)$$

であることに注意されたい．

ステムヤコビアンを求めることが困難である．そのため，$x = |x|\,\mathrm{sign}(x)$ という関係を用いて，システムヤコビアンを以下のように与える．

$$\frac{\partial y(t+1)}{\partial u(t)} = \left|\frac{\partial y(t+1)}{\partial u(t)}\right| \mathrm{sign}\left(\frac{\partial y(t+1)}{\partial u(t)}\right) \tag{3.28}$$

ただし，$\mathrm{sign}(x) = 1\ (x > 0)$，$\mathrm{sign}(x) = -1\ (x < 0)$ である．いま，$|\partial y(t+1)/\partial u(t)|$ を学習係数 η に含ませて考えると，システムヤコビアンの計算に対しては，システムの入出力間の符号さえわかればよいことになる．したがって，本書ではシステムヤコビアンの符号は一定，あるいは既知であると仮定する．

以上の結果をまとめると，各 PID ゲインの更新式は以下のようにまとめられる（ただし，システムヤコビアンの符号は正であるとする）．

$$K_P^{\mathrm{new}}(t) = K_P^{\mathrm{old}}(t) - \eta_P \cdot \varepsilon(t+1) \cdot \Delta y(t) \tag{3.29}$$

$$K_I^{\mathrm{new}}(t) = K_I^{\mathrm{old}}(t) + \eta_I \cdot \varepsilon(t+1) \cdot e(t) \tag{3.30}$$

$$K_D^{\mathrm{new}}(t) = K_D^{\mathrm{old}}(t) - \eta_D \cdot \varepsilon(t+1) \cdot \Delta^2 y(t) \tag{3.31}$$

$t+1$ ステップにおいて，式 (3.29)〜(3.31) によって得られた $\boldsymbol{\theta}^{\mathrm{new}}(t) := [K_P^{\mathrm{new}}(t),\ K_I^{\mathrm{new}}(t),\ K_D^{\mathrm{new}}(t)]$ と t ステップ目のクエリ $\bar{\phi}(t)$ を用いて，新たなデータセット

$$\boldsymbol{\Phi}^{\mathrm{new}} = [\bar{\phi}(t),\ \boldsymbol{\theta}^{\mathrm{new}}(t)] \tag{3.32}$$

を生成し，データベースに追加する．

STEP 5　冗長データの削除

実システムへの適用を考えた場合，本手法には，サンプリング時間内に STEP 2 から STEP 4 までを行わなければならないという時間的制約がある．しかし，ステップ数に比例してデータベース内のデータセットが増加すると，データベースのソーティングに時間を要するため，上記の制約を満たせない恐れがある．また，メモリ節約の観点からも，データベース内に冗長なデータセットが格納されることは好ましいとはいえない．そのため，冗長なデータをデータベースから削除することを考える．ここでは，STEP 4 の式 (3.32) で得られた $\boldsymbol{\Phi}^{\mathrm{new}}$ に対して，以下の二つの条件を満たすデータベース内のデータセット（STEP 2 で選択された近傍データを除く）を冗長データとみなして削除を行う．

条件 1　クエリの類似度

$$d(\bar{\phi}(t), \bar{\phi}(t_j)) \leq \alpha_1 \tag{3.33}$$

条件 2　PID ゲインの類似度

$$\sum_{l=1}^{3}\left(\frac{\boldsymbol{\theta}_l(t_j) - \boldsymbol{\theta}_l^{\mathrm{new}}(t)}{\boldsymbol{\theta}_l(t)}\right) \leq \alpha_2 \tag{3.34}$$

ただし，α_1 および α_2 は，設計者によって与えられる正定数の設計パラメータであり，（データベースの）抑制係数とよぶこととする．これらの条件は，新たに得られたデータセットに対して，クエリの類似度（条件 1）と PID ゲインの類似度（条件 2）が共に高いものを，冗長データとみなしていることを意味する．また，これらの条件を満足するデータセットが複数存在する場合は，式 (3.34) の値が最も小さいデータセットを削除することとする．なお，抑制係数の決定には，若干の試行錯誤を必要とする．以上のアルゴリズムにより，冗長データが削除され，データベース内のデータセットの過剰な増加が抑制される．

データベース駆動型制御系設計手法のアルゴリズムを，以下にまとめる．また，図 3.1 にデータベース駆動型制御系のブロック線図を示す．

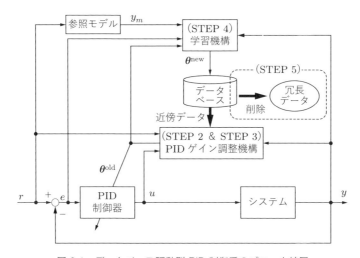

図 3.1　データベース駆動型 PID 制御系のブロック線図

━ DD-PID アルゴリズム ━━━━━━━━━━━━━━━━━━━━━━━

STEP 1 固定の PID 制御器などを用いて制御を行い，式 (3.13) のデータ作成で初期データセットを生成する

STEP 2 クエリ $\bar{\phi}(t)$ を取得し，式 (3.14) によりデータベース内のデータセットとの距離を計算し，n 個の近傍データを抽出する

STEP 3 抽出された近傍データから式 (3.15) を用いて PID ゲイン $\boldsymbol{\theta}^{\mathrm{old}}(t)$ を

STEP 4　　　　　算出する．算出された PID ゲインを用いて $u(t)$ を生成する
STEP 4　制御量 $y(t+1)$ を取得し，式 (3.29)〜(3.31) に基づいて PID ゲイン
　　　　　を修正し，式 (3.32) で得られる新たなデータセットをデータベース
　　　　　に格納する
STEP 5　式 (3.33)，(3.34) に基づき，データベースから冗長データを削除する
STEP 6　STEP 2 に戻る

STEP 2〜STEP 5 は，サンプリング時間内に完了する必要があることに注意され
たい．

次項では，数値例によって DD-PID 制御系の有効性を示す．

3.1.4　数値例

システムとして Hammerstein モデル [38] を考える．Hammerstein モデルは，図 3.2
に示すように静的な非線形関数と，動的な線形関数により構成される非線形モデルの
一種である．

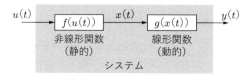

図 3.2　Hammerstein モデル

制御対象の Hammerstein モデルが次式として与えられるとする．

$$\begin{cases} y(t) = 0.6y(t-1) - 0.1y(t-2) + 1.2x(t-1) - 0.1x(t-2) + \xi(t) \\ x(t) = f(t, u(t)) \end{cases}$$

$$(3.35)$$

ここで，$\xi(t)$ は平均 0，分散 0.001 のガウス性白色雑音である．

ただし，Hammerstein モデルの非線形関数 $f(u(t))$ は，$t=70$ で，次式で与えられ
るシステム 1 からシステム 2 に変動するものとする．

$$x(t) = \begin{cases} 1.5u(t) - 1.5u^2(t) + 0.5u^3(t) \ (t < 70 : \text{システム 1}) \\ 1.0u(t) - 1.0u^2(t) + 1.0u^3(t) \ (t \geq 70 : \text{システム 2}) \end{cases}$$

$$(3.36)$$

システムの静特性を図 3.3 に示す．図 3.3 より，変動後のシステム 2 は $y \geq 1.0$ にお
いてシステム 1 よりもハイゲインになっていることがわかる．

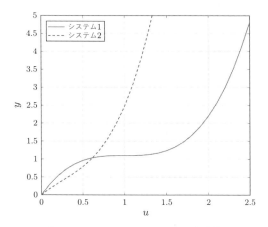

図 3.3 Hammerstein モデルの静特性

本数値例では，目標値を以下のように与える．

$$r(t) = \begin{cases} 0.5 \ (0 < t \le 50) \\ 1.0 \ (50 < t \le 100) \\ 2.0 \ (100 < t \le 150) \\ 1.5 \ (150 < t \le 200) \end{cases} \tag{3.37}$$

データベース駆動型制御系における設計パラメータを表 3.1 にまとめる．これらの
パラメータの決定には若干の試行錯誤を伴った†．以上の設計により，情報ベクトル $\bar{\phi}$
は次式として与えられる．

$$\bar{\phi}(t) := [r(t+1), \ r(t), \ y(t), \ y(t-1), \ y(t-2), \ u(t-1)] \tag{3.38}$$

また，設計パラメータに基づく参照モデル $G_m(z^{-1})$ は次式で与えられる．ただし，サ
ンプリング時間は $T_s = 1.0\,\text{s}$ である．

表 3.1　設計パラメータ

変数名	値	説明	変数名	値	説明
$N(0)$	6	初期データセット数	η_P	0.8	学習係数
n_y	3	情報ベクトルの次数	η_I	0.8	
n_u	2		η_D	0.2	
n	6	近傍データ数	α_1	0.5	抑制係数
σ	1.0	立ち上がり時間	α_2	0.1	
δ	0	減衰特性			

† 本手法では学習係数に制御性能が大きく依存するため，様々な学習係数の組み合わせによるシミュレーショ
ンを行っている．

$$G_m(z^{-1}) = \frac{z^{-1}P(1)}{P(z^{-1})} \tag{3.39}$$

$$P(z^{-1}) = 1 - 0.271z^{-1} + 0.0183z^{-2} \tag{3.40}$$

ここで，上式の $P(z^{-1})$ は，付録 A.2 に基づいて $\sigma = 3.0\,\mathrm{s}, \delta = 0.0$ として設計した．

はじめに，初期データベースを作成するために，固定 PID 制御を適用する．このときの PID ゲインは，CHR 法に基づき次式のように設計した．

$$K_P = 0.486,\ K_I = 0.227,\ K_D = 0.122 \tag{3.41}$$

固定 PID 制御器によって得られる制御結果を図 3.4 に示す．なお，参考として参照モデル出力 $y_r(t)$ を示している．$t = 100$ 以降では，$y = 2.0$ 近傍でシステムがハイゲイン化しているために，固定 PID 制御器では大きく振動していることがわかる．

得られたデータの $t = 1$ から $t = 6$ までのデータを用いてデータベースを作成し，DD-PID アルゴリズムを用いて制御を行った結果を図 3.5 に示す．また，このときの PID ゲインの変遷を図 3.6 に示す．結果から，修正アルゴリズムで PID ゲインが学習されることにより，PID ゲインが適応的に変更され，制御対象のハイゲイン化の影響を抑制できていることがわかる．

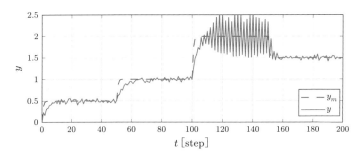

図 3.4   固定 PID 制御器による制御結果 ($K_P = 0.486,\ K_I = 0.227,\ K_D = 0.122$)

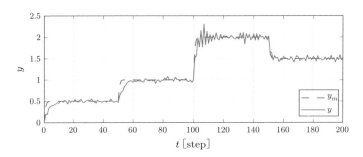

図 3.5   DD-PID 制御器による制御結果（学習 1 回目）

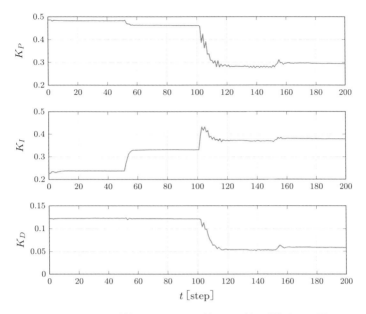

図 3.6　DD-PID 制御器による PID ゲインの変遷（学習 1 回目）

　制御中にデータベースが学習されることを「オンライン学習」とよぶ．ここでの学習は前項の STEP 4 における PID ゲインの修正を表しており，STEP 3 によって算出される PID ゲインが変更されることではないことに注意されたい．図 3.7 にデータベースに追加されるデータセットの様子を示す．図中の○は，データが増加している部分を表している．結果から，データは立ち上がりの部分でのみ増加しており，目標値に偏差なく追従している定常状態では増加していないことがわかる．制御後のデータベースにおけるデータセットの数は 81 個であり，削除アルゴリズムを用いない場合の 206 個に対して，データの増加が抑制されていることがわかる．

　図 3.5 によって得られたデータベースを再度用いて，DD-PID アルゴリズムを適用

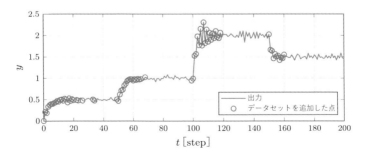

図 3.7　データベースへのデータセットの追加（学習 1 回目）

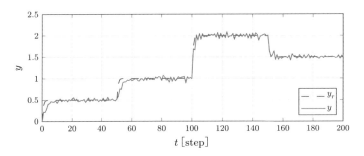

図 3.8　DD-PID 制御器による制御結果（学習 2 回目）

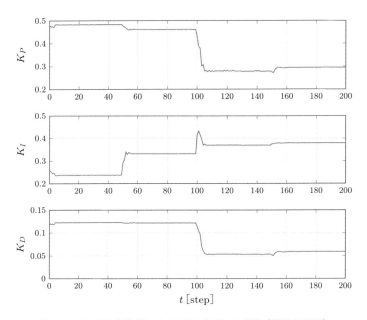

図 3.9　DD-PID 制御器による PID ゲインの変遷（学習 2 回目）

し，制御を行った結果を図 3.8 に示す．また，PID ゲインの変遷を図 3.9 に示す．この結果から，学習済みデータベースを用いることによって，制御結果がさらに改善されていることがわかる．これは，初期の学習データベースが，その後の制御性能に大きな影響を及ぼすことを示唆している．この結果を受けて，3.2 節では，固定 PID 制御器による制御結果から生成されたデータベースを，オフラインで学習する方法について述べる．

3.2　FRIT 法を用いたデータベース駆動型制御

　DD-PID 制御系は，JIT モデリングの考え方に基づき，局所線形化が可能な動作点近傍のみのデータを学習し，データベースに蓄積することで，従来のニューラルネットワーク PID 制御器 [23] に比べて，制御パラメータの高速な学習を可能としている [36]．しかしながら，DD-PID 制御器もニューラルネットワーク PID 制御器と同様，オンライン学習が必須であり，実用上のボトルネックとなっていた．このような背景の中で，第 2 章で取り上げられている FRIT 法が考案され，この FRIT 法の考え方を応用することにより，データベースのオフライン学習が可能となる．図 3.10 にあるように，オンライン学習では，操業中にデータベースを学習するのに対して，オフライン学習では，初期の操業データを用いて初期データベースを生成するだけでなく，データベースの学習にも利用する．この学習法を，本書では DD-FRIT 法 [39] とよぶ．本節では，DD-FRIT 法の詳細について説明し，数値例や実験結果，さらには産業応用例を通じてその有効性を示す．

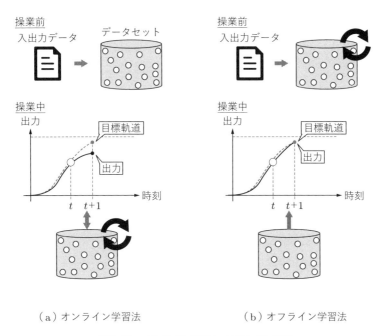

（a）オンライン学習法　　　　（b）オフライン学習法

図 3.10　オンライン学習とオフライン学習

3.2.1 DD-FRIT 法によるデータベースのオフライン学習

DD-FRIT 法では，固定 PID 制御器によって得られた操業データ（r_0，y_0，u_0 および固定 PID ゲイン）から STEP 1（3.1.3 項を参照）に基づいて初期データベースを生成し，さらに，これらの操業データを用いてデータベースのオフライン学習を行う．学習には，FRIT 法で用いられる擬似参照入力を用いる．以下に DD-FRIT 法の設計手順を述べる．3.1.3 項の設計手順と重複する部分もあるが，データベースのオフライン学習であることに注意して読み進めてほしい．なお，初期のデータベースはあらかじめ生成されているものとする[†1].

STEP 1'　距離の計算・近傍データの抽出[†2]

操業データを用いて，時刻 t における要求点 $\bar{\phi}_0(t)$ を以下のように生成する．

$$\bar{\phi}_0(t) = [r_0(t+1), r_0(t), y_0(t), \ldots, y_0(t-n_y+1),$$
$$u_0(t-1), \ldots, u_0(t-n_u+1)] \tag{3.42}$$

次に，要求点 $\bar{\phi}_0(t)$ とデータベース内の情報ベクトル $\bar{\phi}(t_j)$ の距離 $d_j(\bar{\phi}_0(t), \bar{\phi}(t_j))$ を計算する．ここでは，$d_j(\bar{\phi}_0(t), \bar{\phi}(t_j))$ を，先の DD-PID 制御系設計と同様に，次式の重み付き $\mathcal{L}_1$ ノルムによって計算する．

$$d_j(\bar{\phi}_0(t), \bar{\phi}(t_j)) = \sum_{l=1}^{n_y+n_u+1} \left| \frac{\bar{\phi}_{0,l}(t) - \bar{\phi}_l(t_j)}{\max_m(\bar{\phi}_l(m)) - \min_m(\bar{\phi}_l(m))} \right| \tag{3.43}$$
$$(j = 1, \ldots, N(0))$$

式 (3.43) により求められた距離 d_j が小さいものから，上位 n 個のデータを近傍データとして抽出する．

STEP 2'　PID ゲインの算出

式 (3.15)〜(3.17) に基づいて $\boldsymbol{\theta}^{\mathrm{old}}(t)$ を算出する．

STEP 3'　PID ゲインの学習およびデータセットの更新

STEP 2' で算出された PID ゲインを FRIT 法に基づき修正し，近傍データとして抽出されたデータセットの PID ゲインを学習結果に基づき更新する．

[†1] たとえば，FRIT 法と同様に，閉ループ系を安定化可能な固定の PID 制御器を適用した閉ループデータを用いて，前節の DD-PID 法のように初期データベースを生成する．

[†2] オンラインにおける設計手法との混同を避けるために，設計のステップを STEP 1'，STEP 2' などとしている．

はじめに，FRIT 法と最急降下法に基づくオフライン学習則を以下に示す．

$$\boldsymbol{\theta}^{\mathrm{new}}(t) = \boldsymbol{\theta}^{\mathrm{old}}(t) - \boldsymbol{\eta}'\frac{\partial J'(t+1)}{\partial \boldsymbol{\theta}^{\mathrm{old}}(t)} \tag{3.44}$$

$$\boldsymbol{\eta}' := [\eta'_P, \ \eta'_I, \ \eta'_D] \tag{3.45}$$

ただし，$\boldsymbol{\eta}'$ はオフライン学習における学習係数であるが，オンライン学習と同じ学習係数を用いても構わない．また，評価関数 $J'(t)$ は以下のように与えられる．

$$J'(t) := \frac{1}{2}\varepsilon'(t)^2 \tag{3.46}$$

$$\varepsilon'(t) := y_0(t) - y_r(t) \tag{3.47}$$

$y_r(t)$ は擬似参照入力 $\tilde{r}(t)$ に対する参照モデル出力を表し，次式で与えられる．

$$y_r(t) = G_m(z^{-1})\tilde{r}(t) \tag{3.48}$$

ここでは $G_m(z^{-1})$ として，先の DD-PID 制御法で使用したものと同様のものを用いるものとする．制御則が式 (3.3) の I-PD 制御則として与えられるとすると，擬似参照入力は次式として計算できる．ただし，以降の計算では表記を見やすくするために，$K_P^{\mathrm{old}}(t), K_I^{\mathrm{old}}(t), K_D^{\mathrm{old}}(t)$ を，それぞれ，$K_P(t), K_I(t), K_D(t)$ としていることに注意されたい．

$$\tilde{r}(t) = \frac{1}{K_I(t)}\{\Delta u_0(t) + (K_P(t) + K_I(t) + K_D(t))y_0(t)$$
$$- (K_P(t) + 2K_D(t))y_0(t-1) + K_D(t)y_0(t-2)\} \tag{3.49}$$

以上の関係から，式 (3.44) の右辺第二項は，微分連鎖則に基づき，次のように展開される．ただし，$P(1)$ は $P(z^{-1})$ の定常ゲインを示している．

$$\begin{cases} \begin{aligned} \frac{\partial J(t+1)}{\partial K_P(t)} &= \frac{\partial J(t+1)}{\partial y_r(t+1)}\frac{\partial y_r(t+1)}{\partial \tilde{r}(t)}\frac{\partial \tilde{r}(t)}{\partial K_P(t)} \\ &= -\frac{P(1)\varepsilon(t+1)}{K_I(t)}\Delta y_0(t) \\ \frac{\partial J(t+1)}{\partial K_I(t)} &= \frac{\partial J(t+1)}{\partial y_r(t+1)}\frac{\partial y_r(t+1)}{\partial \tilde{r}(t)}\frac{\partial \tilde{r}(t)}{\partial K_I(t)} \\ &= P(1)\varepsilon(t+1)\frac{\partial \tilde{r}(t)}{\partial K_I(t)} \\ \frac{\partial J(t+1)}{\partial K_D(t)} &= \frac{\partial J(t+1)}{\partial y_r(t+1)}\frac{\partial y_r(t+1)}{\partial \tilde{r}(t)}\frac{\partial \tilde{r}(t)}{\partial K_D(t)} \\ &= -\frac{P(1)\varepsilon(t+1)}{K_I(t)}\Delta^2 y_0(t) \end{aligned} \end{cases} \tag{3.50}$$

ただし,

$$\frac{\partial \tilde{r}(t)}{\partial K_I(t)} = \frac{\Delta u_0(t) + \tilde{A}(t, z^{-1}) y_0(t)}{K_I(t)^2} \tag{3.51}$$

$$\begin{cases} \tilde{A}(t, z^{-1}) = \tilde{a}_0(t) + \tilde{a}_1(t) z^{-1} + \tilde{a}_2(t) z^{-2} \\ \tilde{a}_0(t) = K_P(t) + K_D(t) \\ \tilde{a}_1(t) = -(K_P(t) + 2K_D(t)) \\ \tilde{a}_2(t) = K_D(t) \end{cases} \tag{3.52}$$

である. 以上の結果をまとめると, 各 PID ゲインの更新式は以下のようにまとめられる.

$$K_P^{\mathrm{new}}(t) = K_P^{\mathrm{old}}(t) + \eta_P' \cdot \frac{P(1)\varepsilon(t+1)}{K_I^{\mathrm{old}}(t)} \Delta y_0(t) \tag{3.53}$$

$$K_I^{\mathrm{new}}(t) = K_I^{\mathrm{old}}(t) - \eta_I' \cdot P(1)\varepsilon(t+1) \frac{\partial \tilde{r}(t)}{\partial K_I^{\mathrm{old}}(t)} \tag{3.54}$$

$$K_D^{\mathrm{new}}(t) = K_D^{\mathrm{old}}(t) + \eta_D' \cdot \frac{P(1)\varepsilon(t+1)}{K_I^{\mathrm{old}}(t)} \Delta^2 y_0(t) \tag{3.55}$$

DD-PID 制御系設計では, $\boldsymbol{\theta}^{\mathrm{new}}(t)$ とクエリ $\bar{\boldsymbol{\phi}}(t)$ を用いて新たなデータセット $\boldsymbol{\Phi}^{\mathrm{new}}$ を生成していたが, DD-FRIT 法では, クエリが初期の実験データからのみ生成されているため, 繰り返し学習を行うと, 同じクエリをもつデータセットが増え続けてしまう. そこで, 学習によって獲得された $\boldsymbol{\theta}^{\mathrm{new}}(t)$ の結果に基づき $\boldsymbol{\theta}^{\mathrm{old}}(t)$ を生成した近傍データがもつ PID ゲインに上書きすることにより, 初期データベースのサイズは変えずに, PID ゲインのみを修正することを考える.

いま, 式 (3.44) より, 次式の関係を得る.

$$\boldsymbol{\theta}^{\mathrm{old}}(t) = \boldsymbol{\theta}^{\mathrm{new}}(t) + \boldsymbol{\eta}' \frac{\partial J'(t+1)}{\partial \boldsymbol{\theta}^{\mathrm{old}}(t)} \tag{3.56}$$

式 (3.56) を式 (3.15) に代入すると,

$$\boldsymbol{\theta}^{\mathrm{new}}(t) + \boldsymbol{\eta}' \frac{\partial J'(t+1)}{\partial \boldsymbol{\theta}^{\mathrm{old}}(t)} = \sum_{i=1}^{n} w_i \boldsymbol{\theta}(t_i) \tag{3.57}$$

を得る. ここで, $\sum_{i=1}^{n} w_i = 1$ であることを考慮すれば, 式 (3.57) は次式のように書き換えることができる.

$$\boldsymbol{\theta}^{\mathrm{new}}(t) + \sum_{i=1}^{n} w_i \boldsymbol{\eta}' \frac{\partial J'(t+1)}{\partial \boldsymbol{\theta}^{\mathrm{old}}(t)} = \sum_{i=1}^{n} w_i \boldsymbol{\theta}(t_i) \tag{3.58}$$

したがって,

$$\boldsymbol{\theta}^{\mathrm{new}}(t) = \sum_{i=1}^{n} w_i \left(\boldsymbol{\theta}(t_i) - \boldsymbol{\eta}' \frac{\partial J'(t+1)}{\partial \boldsymbol{\theta}^{\mathrm{old}}(t)} \right) \tag{3.59}$$

が成立する．式 (3.59) の結果は，近傍データのもつ PID ゲインに対して，学習則における修正項を一律に減ずることにより，$\boldsymbol{\theta}^{\mathrm{new}}(t)$ が得られることを示している．したがって，DD-FRIT 法では次式に基づいて近傍データを上書きすればよい．

$$\boldsymbol{\theta}(t_i) \leftarrow \boldsymbol{\theta}(t_i) - \boldsymbol{\eta}' \frac{\partial J'(t+1)}{\partial \boldsymbol{\theta}^{\mathrm{old}}(t)} \quad (i = 1, \dots, n) \tag{3.60}$$

オフライン学習のアルゴリズムを以下にまとめる．

オフライン学習アルゴリズム（DD-FRIT 法）

STEP 1' 操業データから，クエリ $\bar{\boldsymbol{\phi}}_0(t)$ を生成し，式 (3.43) によりデータベース内のデータセットとの距離を計算したのち，n 個の近傍データを抽出する

STEP 2' 式 (3.15) により近傍データから PID ゲイン $\boldsymbol{\theta}^{\mathrm{old}}(t)$ を算出する

STEP 3' 修正項 (3.50) を計算したのち，各近傍データの PID ゲインに対して式 (3.60) の修正を行う

STEP 4' STEP 1' に戻る

ここで，オフライン学習でも，同じ操業データを繰り返し用いて学習することで，評価関数がより最適化されることがわかっている．次項では，従来の DD-PID 制御系の動作と比較しながら，本手法の特長について説明する．

3.2.2 数値例

数値例を用いて，オフライン学習の有効性を示す．

図 3.11 に示すポリスチレン重合反応器モデル [40] に対して，データベース駆動型制御系を構築する．制御量は反応器内の液温 $y(t)$ であり，ジャケットの温度 $u(t)$ を調節することにより，制御可能であるとする．ジャケット温度と液温の関係は，次式の非線形関数で与えられるとする．

$$y(t) = 0.804y(t-1) + 5.739 \times 10^{15} \cdot \exp\left\{ -\frac{E_a}{R(y(t-1) + 273)} \right\}$$

$$+ 0.148u(t-1) + \xi(t) \tag{3.61}$$

ただし，$E_a = 240$，$R = 0.01986$ および $\xi(t)$ は平均 0，分散 0.001^2 のガウス性白色雑

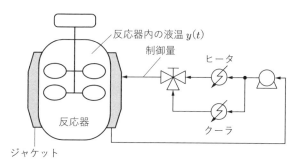

図 3.11 ポリスチレン重合反応器モデル

音である．このシステムは，$y(t)$ が 80°C 付近で急激にハイゲイン化するシステムである．ここでは，固定 PID 制御器によって，安定的な操業データを取得し，このデータを用いてデータベース駆動型制御器を設計し，オンライン学習による制御結果とオフライン学習による制御結果を比較する．

このシミュレーションでは，目標値を以下のように設定する．

$$r(t) = \begin{cases} 60 \ (0 \le t < 100) \\ 70 \ (100 \le t < 200) \\ 85 \ (200 \le t < 300) \end{cases} \tag{3.62}$$

初期データベースを作成するために，固定 PID 制御器による制御を行う．PID ゲインは CHR 法 [35] に基づき，以下のように設計する．

$$K_P = 9.0, \ K_I = 0.5, \ K_D = 1.0 \tag{3.63}$$

このときの制御結果を図 3.12 に示す．

次に，設計パラメータを表 3.2 に示すように決定し，DD-PID 制御系を構築する．

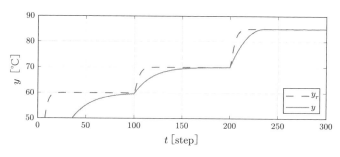

図 3.12 固定 PID 制御器による制御結果 ($K_P = 9.0, \ K_I = 0.5, \ K_D = 1.0$)

表 3.2 設計パラメータ

変数名	値	説明	変数名	値	説明
$N(0)$	300	初期データセット数	η_P	0.1	学習係数
n_y	3	情報ベクトルの次数	η_I	0.01	
n_u	2		η_D	0.01	
n	20	近傍データ数	α_1	0.5	抑制係数
σ	5.0	立ち上がり時間	α_2	0.1	
δ	0	減衰特性			

なお，これらのパラメータ設計には若干の試行錯誤を伴った[†].

ここでは，比較のために，オンライン学習とオフライン学習に用いる学習係数は同じものを用いている．なお，設計パラメータに基づく参照モデル $G_m(z^{-1})$ は，次式で与えられる．ただし，サンプリング時間は $T_s = 1.0\,\mathrm{s}$ である．

$$G_m(z^{-1}) = \frac{z^{-1}P(1)}{P(z^{-1})} \tag{3.64}$$

$$P(z^{-1}) = 1 - 1.34z^{-1} + 0.449z^{-2} \tag{3.65}$$

ここで，上式は，付録 A.2 に基づいて $\sigma = 5.0\,\mathrm{s}, \delta = 0.0$ と設定した．また，$P(1)$ は先にも述べたように，$P(z^{-1})$ の定常ゲインを示しており，式 (3.65) において $z = 1$ を代入することで得られる．すなわち，ここでは $P(1) = 0.109$ である．

3.1 節で述べた DD-PID 制御系は，多数回の実験を繰り返すことで徐々に所望の制御性能を獲得する．ここでは，繰り返し回数（epoch 数）が 1 epoch, 10 epochs, 100 epochs の場合を，まとめて図 3.13 に示す．また，このときの PID ゲインの変遷を図 3.14 に示す．結果から，学習回数を重ねるごとに PID ゲインの変化が大きくなり，これに伴い制御性能が改善されていることがわかる．また，学習を繰り返すごと

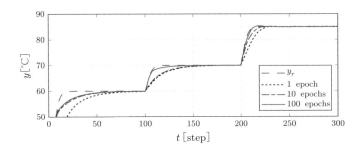

図 3.13 DD-PID 制御（オンライン学習）による制御結果

[†] 3.1.4 項と同様に学習係数の決定に試行錯誤を伴っているが，本手法はオフラインで調整が可能であるため，オンライン調整の場合に比べて，それほど大きな負担にはならない．

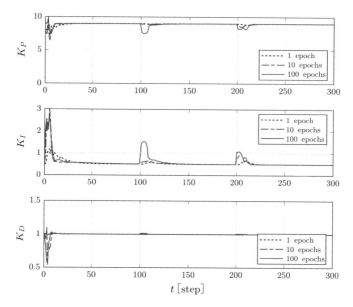

図 3.14　図 3.13 に対応する PID ゲインの変遷

にデータセットの数が増加するため，最終的には 751 のデータセットがデータベース
に格納されていた．

　次に，DD-FRIT 法に基づいて構築されたデータベースを用いた制御結果を示す．
初期データベースは，先の DD-PID 制御系で用いたものと同様のものを使い，STEP
1'~4' によってオフラインで学習した．また，シミュレーションでは，前節の STEP
1~3 のみを繰り返すことで，PID ゲインを逐次算出している．したがって，ここで
は，オンライン学習 STEP 4 と削除アルゴリズム STEP 5 は実行されていないことに
注意されたい．

　オフライン学習では，以下の指標 $J(epoch)$ を定義し，この値† が十分に小さくなる
まで繰り返し学習を行った．

$$J(epoch) = \frac{1}{M} \sum_{t=1}^{M} (y_0(t) - y_r(t))^2 \tag{3.66}$$

ただし，M はデータ数を表す．このときの学習曲線の推移を図 3.15 に示す．10 epochs
までで大きく値が変化し，20 epochs 付近では学習曲線がほとんど収束していることが
わかる．ここでは，学習が十分に経過した 50 epochs のオフライン学習を行ったデー
タベースを用いて，制御を行った．制御結果を図 3.16 に，PID ゲインの推移を図 3.17

---

† 値の軌跡を学習曲線とよぶ．

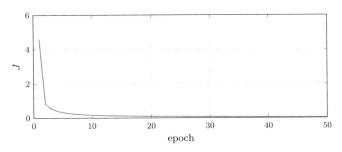

図 3.15　学習曲線の推移

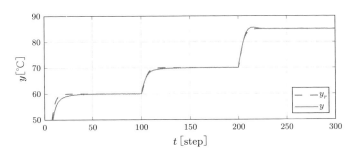

図 3.16　DD-PID 制御（DD-FRIT 法を用いたオフライン学習）による制御結果

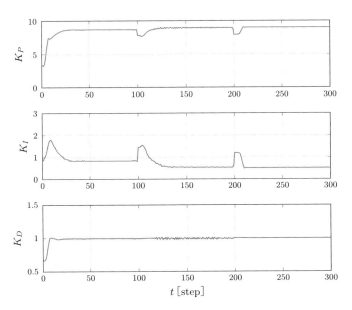

図 3.17　図 3.16 に対応する PID ゲインの変遷

に示す．図 3.13 における 100 epochs の結果と図 3.16 の結果から，ほぼ同等の性能が得られていることがわかる．したがって，DD-PID 制御法にオフライン学習を導入することにより，一回の実験データから非線形系に適用可能な制御系が容易に設計できることがわかる．

ただし，オフライン学習法のみを適用した場合，データベースを生成した際に使用した操業データに含まれないシステムの特性については，学習ができない．そのため，長時間の運転に伴う経年劣化などの未知のシステム変動等に対しては，制御性能が維持できない可能性があることに注意されたい．このような場合，オンライン学習を併用することで制御性能の維持が期待できる．

次項では，本手法の実用性を示すために，実験結果と産業応用結果について紹介する．

3.2.3　実システムへの応用

PID 制御を実際のシステムに適用する場合，制御対象の特性や目標値の設定などに対応して，様々な構造をもつ PID 制御則が適用される．ここでは，非線形液位プロセスシステム（I-P 制御），米計量プロセス（I-P 制御），および自動車業界で用いられる車両シミュレータ用のドライバモデル（PII²D 制御）の三つの事例について紹介する．なお，本書では適用例の概略と制御結果のみの提示にとどめており，詳細についてはそれぞれ文献を参照されたい．

■非線形液位プロセスシステムへの応用 [41]

図 3.18 に示す非線形液位プロセスシステムに対して，DD-FRIT 法を適用する．システムの概要図を図 3.18(b) に示す．本システムでは，冷水がタンクに流入することにより，タンク内の液位が増加する．ただし，図中の排水バルブ v はある一定開度で固定されており，ここから冷水が排出される．

本実験における制御量 y はタンク内の液位 [mm] である．また，操作量 u は冷水の配管に設置されたバルブ開度 [%] であり，コンピュータの DAC (D/A converter) により指示される．

時刻 t に対する目標値を，以下のように設定した．これらの目標値は，図 3.18(b) に示すように，タンクの形状が大きく変化する点を指定している．

$$r(t) = \begin{cases} 100 & (1 \leq t \leq 50) \\ 50 & (50 < t \leq 100) \\ 140 & (100 < t \leq 150) \\ 215 & (150 < t \leq 200) \end{cases} \tag{3.67}$$

（a）外観

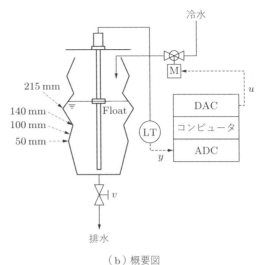

（b）概要図

図 3.18　非線形タンクシステム

　本実験では，微分動作によるノイズ増幅の影響を回避するため，I-P 制御則を採用している．はじめに，ZN 法 [37] によって算出された以下の PI ゲインを用いて，初期操業データを取得する．

$$K_P = 3.37, \ K_I = 0.125 \tag{3.68}$$

このときの制御結果を図 3.19 に示す．

　図 3.19 の結果に基づき，初期データベースを構築し，DD-FRIT 法により 100 epochs の学習を行った．制御結果を図 3.20 に，このときの PI ゲインの変遷を図 3.21 に示す．結果から，PI ゲインが目標値が変更されるごとに適応的に変化し，立ち上がり性能が大きく改善されていることがわかる．

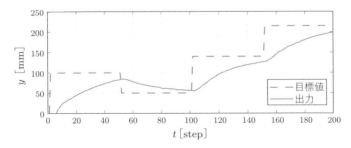

図 3.19　固定 I-P 制御器の適用結果 ($K_P = 3.37$, $K_I = 0.125$)

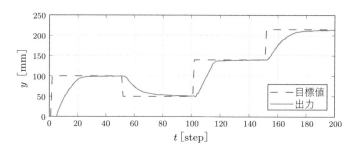

図 3.20　DD-I-P 制御系による制御結果

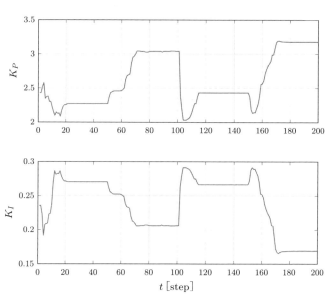

図 3.21　図 3.20 に対する PI ゲインの変遷

■米計量プロセスへの応用 [42]

2.5.2 項では，米計量プロセスを対象に，二種類の目標値に対して，FRIT 法を用い
て PID ゲインを算出した．その理由は，図 2.19，2.20 では，同じ PID ゲインを適用
しているにもかかわらず，大きく制御結果が異なっており，目標値によってシステム
パラメータが変動するシステムであると考えられたためである．

そこで，ここでは，この米計量プロセスに対して，目標値が変化しても適応的に PID
ゲインが調整されるように，DD-FRIT 法を適用する．制御則としては，比例動作先
行 PI 制御則（I-P 制御）を適用する．また，DD-FRIT 法には初期データが必要とな
るため，それを得るための初期 PI ゲインを次のように設定した．

$$K_P = 1.5, \ K_I = 0.1 \tag{3.69}$$

図 3.22 に目標値 100 %, 図 3.23 に目標値 10 %の場合の上式の制御パラメータを用いた制御結果を示す. 図 3.22 より, 目標値が 100 %の場合, 固定パラメータによる制御で良好な制御結果が得られることがわかる. しかしながら, 図 3.23 より目標値が 10 %の場合, 固定パラメータを用いた制御では目標値に追従するまでの整定時間が長くなり, 良好な制御結果を得ることができない.

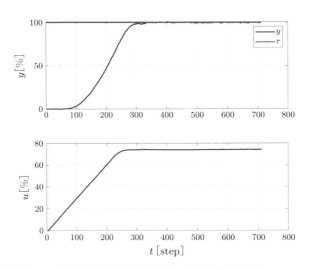

図 3.22　目標値 100 %に対する固定パラメータによる制御結果 $(K_P = 1.5, K_I = 0.1)$

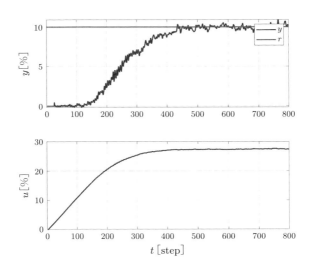

図 3.23　目標値 10 %に対する固定パラメータによる制御結果 $(K_P = 1.5, K_I = 0.1)$

　次に，図 3.24 に目標値 10 ％の場合のデータベース駆動型制御を用いた制御結果を示す．このときの制御パラメータの推移を図 3.25 に示す．図 3.24 より，データベースを用いて制御を行うことで，制御性能の向上を図れることがわかる．固定パラメータの場合，定常状態になるまで約 450 step 必要なのに対して，データベース駆動型制御を用いた場合，約半分の 200 step 程度で定常状態になることがわかる．また，図 3.25より，立ち上がりにおいて制御パラメータを大きくすることで，速い応答を実現していることがわかる．

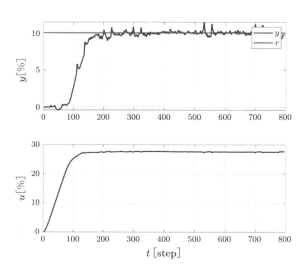

図 3.24　目標値 10 ％に対する DD-FRIT 法による制御結果

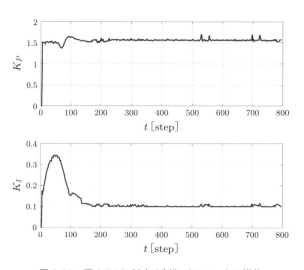

図 3.25　図 3.24 に対する制御パラメータの推移

■データベース駆動型ドライバモデル[43, 44]

ここでは，DD-FRIT 法の産業応用について紹介する．自動車業界では，車両開発のスピード向上や燃料消費量（燃費）の最適化のために，自動車シミュレータ[45] を用いて車両開発がなされている．とくに近年では，モデルベース開発 (model based development : MBD)[46, 47, 48] とよばれる開発手法が積極的に導入され，図 3.26 に示されるように，車両，制御系，ドライバ，環境のすべてがモデル化され，机上シミュレーションにて開発が行われる．

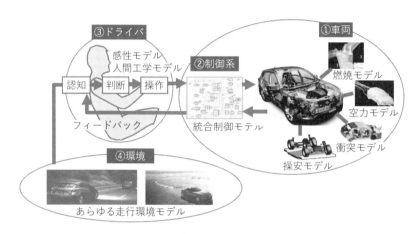

図 3.26　自動車におけるモデルベース開発

ここでは，ドライバモデルにデータベース駆動型制御法（ここでは，DD-FRIT 法）を適用した結果について紹介する．従来のドライバモデルは，車速や環境条件を判定し，if-then ルールに基づいてアクセル・ブレーキ操作を行う制御器としていた．ドライバモデルの制御性能は，車両モデルの燃費特性に大きく影響を及ぼすため，非常に重要であるが，車両モデルの非線形性により，従来のドライバモデルでは車速追従特性が満足に達成できていない．さらに，従来は車両モデルごとにドライバモデルの様々なパラメータのチューニングを行っており，ドライバモデルの作成の負担が大きい．本例題では，ドライバモデルとして，JC08 モード[†] に含まれるランプ形状の目標車速に対しても追従性能が十分に補償できる，次式の PII^{2}D 制御器に基づいた DD-FRIT 法を適用する．

$$\Delta^2 u(t) = -K_P(t)\Delta^2 y(t) + K_I(t)\Delta e(t) + K_{II}(t)e(t) - K_D(t)\Delta^3 y(t)$$

$$(3.70)$$

---

† 1 リットルの燃料で何キロメートル走行できるかを測るための，いくつかの自動車の走行パターンの一つ．

車両への入力 $u(t)$ はアクセル開度とブレーキストロークであり，正の値がアクセル開度，負の値がブレーキストロークとして，車両へ入力される．また，車両からの出力 $y(t)$ は車両速度を示す．時刻 t における PII^2D 制御器の比例ゲイン，積分ゲイン，二重積分ゲイン，微分ゲインをそれぞれ $K_P(t)$，$K_I(t)$，$K_{II}(t)$，$K_D(t)$ とする．車両モデルは，アクセル信号とブレーキ信号によって，異なる要素が作用する複雑な非線形モデルとなっている．

車両モデルとドライバモデルを含めたブロック線図を図 3.27 に示す．ただし，本書で表示する入出力データは，各々の信号の最大値を 100 ％として正規化されていることに注意されたい．

実装した PII^2D 制御器に，固定の初期制御パラメータを設定して得た初期走行データを，従来のドライバモデルの結果と併せて図 3.28 に示す．

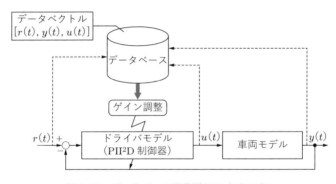

図 3.27　データベース駆動型ドライバモデル

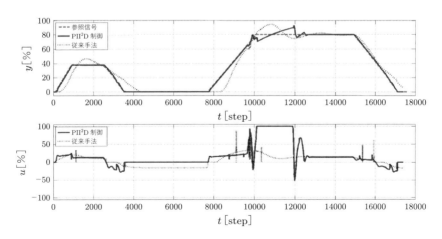

図 3.28　固定 PII^2D によって得られた制御結果 ($K_P = 1.5 \times 10, K_I = 4.5 \times 10^{-1}, K_{II} = 1.5 \times 10^{-4}, K_D = 2.0 \times 10$)

　図 3.28 の固定 PII^{2}D 制御器によって得られた初期走行データを用いて，オフライン学習を行う．図 3.29 に DD-FRIT 法の制御結果，図 3.30 に制御パラメータの変遷を示す．図 3.29 と図 3.30 から PID ゲインが変更され，とくに $t = 9000 \sim 12000$ 付近の車速追従性能が，大きく改善されていることがわかる．制御性能を絶対誤差総和 (IAE) により評価し，本手法の IAE が従来のもの（if-then ルール）に対して約 88 % も小さくなっていることから，本手法の有効性を確認することができる．

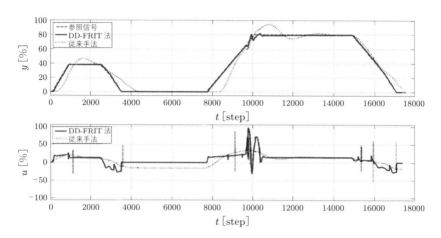

図 3.29　DD-FRIT 法による制御結果

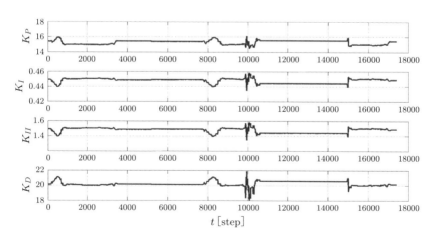

図 3.30　図 3.29 に対する PII^{2}D ゲインの変遷

3.3 データベース駆動型カスケード制御

前節までは，フィードバックループが単一の場合における，データベース駆動型制御について述べた．一方，制御量以外にも測定できる物理量がある場合は，それを操作量に反映させることで，制御性能を改善させることが可能となる[35]．それを実現する制御法の一つが，複数のフィードバックループを有するカスケード制御である．カスケード制御系は一般的に，内側ループの制御器をシステムモデルから設計し，外側ループの制御器は，内側ループの制御器を考慮して設計される．このように，複数のフィードバックループがあるため，単一の場合より設計手順が複雑となり，また，制御性能はシステムモデルの同定精度に依存する．

そこで本節では，これまでに議論した，システム同定が不要なデータベース駆動型制御[49]に基づいたカスケード制御法について述べる．具体的には，二つのフィードバックループを有する制御系を考え，化学反応炉の制御系[40]などのように，外側のループが非線形システムであり，内側のループが線形システムである制御系を扱う．本節では，線形システムに対しては FRIT 法を，非線形システムに対してはデータベース駆動型制御法を適用する．

3.3.1 データベース駆動型カスケード制御系の概要

図 3.31 にデータベース駆動型カスケード制御系のブロック線図を示す．図 3.31 の外側のループは「1 次制御ループ」とよばれ，内側のループは「2 次制御ループ」とよばれる[35]．このとき，C_1, G_1 はそれぞれ，1 次制御ループの制御器と制御対象であり，C_2, G_2 は 2 次制御ループの制御器と制御対象である．ここで，$r(t)$ は 1 次制御ループの目標値であり，$w(t)$, $v(t)$ はそれぞれ C_1, C_2 の操作量である．また，$u(t)$, $y(t)$ はそれぞれ G_2, G_1 の制御量である．このとき，C_1 の操作量 $w(t)$ は 2 次制御ルー

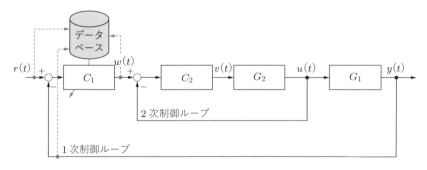

図 3.31 データベース駆動型カスケード制御系

プの目標値となる.

　本節では，G_1 を非線形システム，G_2 を線形システムとする．なお，実際の現場では，2 次制御ループの C_2 を設計した後に，その C_2 を考慮しつつ，1 次制御ループの C_1 を設計する．したがって，本手法でもその手順に則ることとし，以下にその設計手順を示す.

1. 制御器 C_1，C_2 を用いて，閉ループデータを取得する.
2. 1 で得られた $v(t)$，$u(t)$ を用いて，2 次制御器 C_2 を FRIT 法[4] を用いて設計する.
3. C_1 と 2 で設計された C_2 を用いて，閉ループデータを取得する.
4. 3 で得られた $w(t)$，$y(t)$ を用いて，データベース駆動型制御に基づき，1 次制御器 C_1 を設計する．具体的には，3.2 節における変数 $u(t)$ を $w(t)$ に置き換え，PID パラメータをオフライン調整する.
5. 2，4 で設計された C_2，C_1 を制御系に適用する.

3.3.2　数値例

　データベース駆動型カスケード制御の有効性を，3.2.2 項で紹介した，ポリスチレン重合反応器（式 (3.61)）を通して検証する．具体的には，図 3.31 の G_1 を式 (3.61) のポリスチレン重合反応器とし，ジャケットシステム G_2 を次式の「一次遅れ＋むだ時間」系で与える.

$$(1 - 0.9672z^{-1})u(t) = 0.0656z^{-4}v(t) \tag{3.71}$$

なお，本数値例における目標値 $r(t)$ は以下のように与えた.

$$r(t) = \begin{cases} 40 \ (0 < t \le 500) \\ 50 \ (500 < t \le 1000) \\ 65 \ (1000 < t \le 1500) \\ 30 \ (1500 < t \le 2000) \end{cases} \tag{3.72}$$

■制御結果

　初期データを取得するために，下記の PID ゲインを適用した.

$$C_1 : K_P = 0.01, K_I = 0.01, K_D = 0.50 \tag{3.73}$$

$$C_2 : K_P = 0.31, K_I = 0.1, K_D = 4.5 \tag{3.74}$$

得られた初期データから，FRIT 法を適用すると，C_2 の PID ゲインは下記のとおり

算出された.

$$C_2: \quad K_P = 4.7, K_I = 0.4, K_D = 9.7 \tag{3.75}$$

　式 (3.73), (3.75) の制御器を制御系に適用し，得られた入出力データを用いて，データベース駆動型制御法により C_1 をオフライン学習する．このときの 3.2 節の設計パ

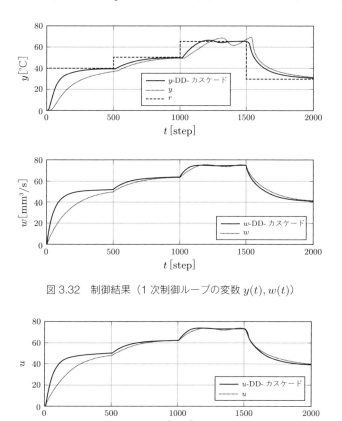

図 3.32　制御結果（1 次制御ループの変数 $y(t), w(t)$）

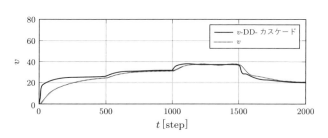

図 3.33　図 3.32 に対応する制御結果（2 次制御ループの変数 $u(t), v(t)$）

ラメータは，$T_s = 1\,\mathrm{s}, n_w = 2, n_y = 3, N(0) = 2000, n = 6, \boldsymbol{\eta} = [2.0 \times 10^{-3}, 7.0 \times 10^{-6}, 2.0 \times 10^{-3}]$ とした．

図 3.32，3.33 に，式 (3.73), (3.74) を用いて得られた初期データ (y, w, u, v) と，データベース駆動型カスケード制御法（y-DD-カスケード，w-DD-カスケード，u-DD-カスケード，v-DD-カスケード）の制御結果を示す．図 3.32 (y, w) から，全時刻において速応性は十分でなく，とくに $t = 1300$ 付近で振動的になっていることが確認できる．一方，データベース駆動型カスケード制御（y-DD-カスケード，w-DD-カスケード）では，初期データに比べ，速応性が改善されていることがわかる．これは，C_1 が適応的に調整されているためであり，このことは，図 3.34 の PID ゲインの推移からも確認できる．

次項では，実機実験を通して，データベース駆動型カスケード制御の有効性を検証する．

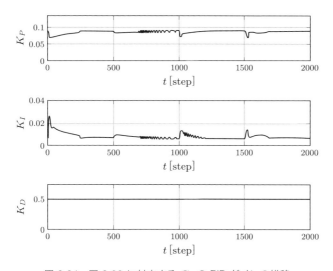

図 3.34　図 3.32 に対応する C_1 の PID ゲインの推移

3.3.3　非線形液位プロセスシステムへの応用

データベース駆動型カスケード制御の有効性を，3.2.3 項で紹介した，非線形液位プロセスシステムを通して検証する．本項では，図 3.35 に示すように，形状が線形な液位プロセスシステムを通して，非線形な液位プロセスシステムを制御する．このとき，カスケード制御系を構成することで，線形システムの液位を素早く制御し，非線形システムの液位の速応性の向上を実現する．

（a）外観

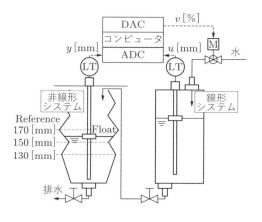

（b）概要図

図 3.35　液位プロセスシステム

図 3.31 と図 3.35 を対応させると，G_1，G_2 は線形システム，非線形システムであり，$u(t)$，$y(t)$ はそれぞれの液位 [mm] である．$v(t)$ は冷水の配管のバルブ開度 [%] である．また，$r(t)$，$w(t)$ はそれぞれ，線形システムと非線形システムの目標液位 [mm]である．

■制御結果

データベース駆動型カスケード制御により，PID ゲインを調整するために，下記 PIDゲイン[50] を用いて初期閉ループデータを取得する．

$$C_1 : K_P = 2.91,\ K_I = 0.16,\ K_D = 0.30 \tag{3.76}$$

$$C_2 : K_P = 1.02,\ K_I = 1.16,\ K_D = 1.02 \tag{3.77}$$

得られた初期閉ループデータから，FRIT 法を適用すると，C_2 の PID ゲインは下記のとおり算出される．

$$C_2 : K_P = 8.05,\ K_I = 0.71,\ K_D = 7.00 \tag{3.78}$$

式 (3.76)，(3.78) の制御器を制御系に適用し得られた入出力データを用いて，データベース駆動型制御法により，C_1 をオフライン学習する．このとき，3.2 節の設計パラメータは，$T_s = 5\,\mathrm{s}$，$n_w = 3$，$n_y = 4$，$N(0) = 1200$，$n = 6$，$\boldsymbol{\eta} = [1.0 \times 10^{-2}, 1.0 \times 10^{-4}, 1.0 \times 10^{-2}]$ とする．

図 3.36，3.37 に，式 (3.76)，(3.77) を用いて得られた初期データ (y, w, u, v) と，

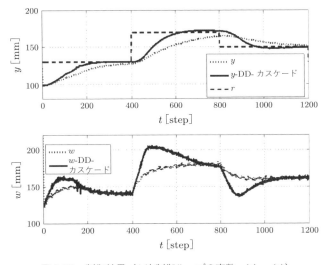

図 3.36　制御結果（1 次制御ループの変数 $y(t), w(t)$）

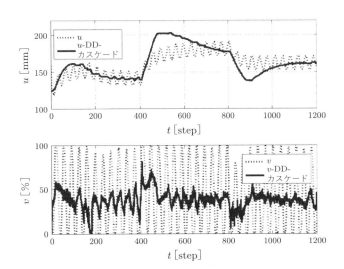

図 3.37　図 3.36 に対応する制御結果（2 次制御ループの変数 $u(t), v(t)$）

データベース駆動型カスケード制御法（y-DD-カスケード，w-DD-カスケード，u-DD-カスケード，v-DD-カスケード）の制御結果を示す．図 3.36 (y, w) から，$t = 400$ 以前は，目標値 $r(t)$ に $y(t)$ が追従しているが，$t = 400$ 以降は十分に追従できていない．これは，2 次制御ループの目標値 $w(t)$ に対し，制御量 $u(t)$ が追従しておらず振動しているため，これ以上の速応性の向上は見込めないことが原因と考えられる．一方，データベース駆動型カスケード制御（y-DD-カスケード，w-DD-カスケード，u-DD-

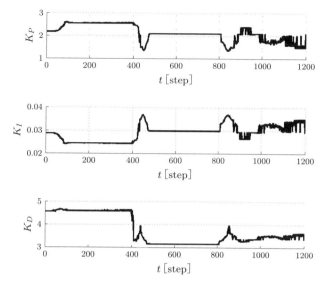

図3.38　図 3.36 に対応する C_1 の PID ゲインの推移

カスケード，v-DD-カスケード）では，w と u は同様の推移を示しており，2 次制御器 C_2 は良好な調整がなされていることがわかる．さらに，非線形システムに対応するために，1 次制御器 C_1 をデータベース駆動型制御により適応的に調整することで，y の速応性が向上するように w が適応的に算出されている．このことは，図 3.38 の PID ゲインの推移からも確認できる．

3.4　データベース駆動型感性フィードバック制御

　3.3 節では，データベース駆動型カスケード制御について紹介した．本節では，人の感性に着目し，その感性値（快・不快など）が向上するように，データベース駆動型カスケード制御を適用する．感性に着目した背景として，内閣府の調査[51] によれば，日本は，国内総生産 (GDP) が高いにも関わらず，幸福度が低いとされている．つまり，GDP に関する「物の豊かさ」と，幸福度に関する「心の豊かさ」には，大きなギャップが存在している．したがって，そのギャップを埋めるために，すでに機能としては高度な「物」（自動車，油圧ショベル，福祉支援機器など）が，人の感性を考慮し，心の豊かさが向上するように動作すべきだと考えられる．

　このような背景において，「感性」の可視化技術については，社会実装を想定し，研究が行われている[52]．しかしながら，感性に関するほとんどの研究は，製品のデザイン評価・設計など静的な分野であり，著者らの知る限りでは，感性を制御する動的な

研究は海外を含めても見当たらない．また，人の感性は，時変系や非線形系であると考えられるため，そのモデル化は困難である．

　一方，これまでに紹介したデータベース駆動型制御においては，システムモデルを必要とせず，入出力データと制御パラメータが格納されたデータベースを用いて，システムの特性の変化に応じて制御パラメータが適切に算出される．とくに 3.2 節の DD-FRIT は，1 回の閉ループデータから，制御パラメータを直接算出することができ，実システムへの応用例が報告されている．

　そこで，本節では，人の感性のモデル化は困難であると考え，データベースを用いた方法を提案する．具体的には，対象とする機器として，油圧ショベルを取り上げ，人の感性が計測可能であると仮定し[53]，目標値として「快適度」を与え，その目標値を満足するように油圧ショベルを制御する．なお，本節では，オペレータの脳内の油圧ショベルの目標応答速度と同様な操作ができたとき，最も快適であるとする．以上のように，(i) 人のモデルを必要とせず，(ii) 感性情報がフィードバックされることから，本手法を「データベース駆動型感性フィードバック制御」とよぶこととする．

　なお，本データベース駆動型感性フィードバック制御の基本構成は，3.4.1 項に示すカスケード制御系であり，内側を既存の機器に関する制御系とし，外側ループに提案する感性フィードバックループを付加するのみでよいという特徴を有している．

3.4.1　データベース駆動型感性フィードバック制御系の概要

　提案するデータベース駆動型感性フィードバック制御系の概要図を図 3.39 に示す．図のように，感性フィードバック制御系はカスケード制御系で構成される．本節で対象とする機器 G_2 は，「油圧ショベル」とし，油圧ショベルを操作する際の生体信号 $\boldsymbol{x}(t)$ から「感性メータ」を用いて，油圧ショベル操作時の快適度 $y(t)$ を計測する．このとき，油圧ショベルの出力 $u(t)$ と目標値 $w(t)$ は速度とする．なお，油圧ショベルの出力 $u(t)$ の速度を人が感じることによって，生体信号 $x(t)$（脳波や心拍，表情など）が

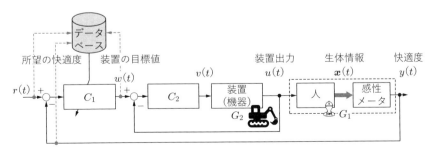

図 3.39　データベース駆動型感性フィードバック制御系の概要図

変化することを想定する．たとえば，非常に高い速度の場合は不安を感じ，心拍数が上昇するなどである．

　本制御系では，快適度 $y(t)$ を向上させることが目的となるが，個々のオペレータに適した油圧ショベルの目標速度 $w(t)$ を設定することは困難である．そこで，カスケード制御系を採用することにより，所望の快適度 $r(t)$ を与えることによって，個々に適した目標速度 $w(t)$ を自動生成する．このとき，人の感性は時変系，非線形系だと考えられるため，C_1 には，データベースに基づいた制御器を採用する．なお，本手法は勾配法を用いた学習機能が搭載されており，さらには，FRIT 法を組み合わせることによりオフライン学習を実現している．

　また，内側ループの制御器 C_2 は既存の制御パラメータを用いることとし，外側ループの制御器 C_1 については，3.2 節における変数 $u(t)$ を $w(t)$ に置き換え，PID パラメータをオフライン調整する．

3.4.2　数値例

■制御対象と設定パラメータ

　図 3.39 において，G_2 を次式の一次遅れ系で与える．

$$G_2(s) = \frac{100}{1 + 100s} \tag{3.79}$$

　一方，図 3.39 における $G_1(s)$ は人の感性モデルとし，快適度 $y(t)$ は，ウェーバー・フェヒナーの法則 [54] を利用し，快適度の最大値が 1 となるように次式を用いる．

$$y(t) = \frac{1}{1 + E(t) \cdot \log(1 + e_h(t))} \tag{3.80}$$

$$e_h(t) = w_h(t) - u(t) \tag{3.81}$$

ここで，$w_h(t)$ は人が脳内でもつ油圧ショベルの目標速度であり，本数値例では未知とする．また，$e_h(t)$ は，人の脳内で感じる油圧ショベルの速度誤差である．式 (3.80) から，脳内の速度誤差が完全にゼロであれば，快適度 $y(t)$ は最大の 1 となる．なお，$E(t)$ は，快適度に関する変数であり，人によって異なる値をもつ．図 3.40 から，速度誤差が大きくなればなるほど，快適度 $y(t)$ が低下していることがわかる．また，$E(t)$ が大きくなればなるほど，快適度の低下率が大きくなることがわかる．

　なお，本数値例における各設計パラメータは，$r = 0.8$，$w_h = 40$，$\sigma = 10$，$\delta = 0$，$\boldsymbol{\eta} = [80, 60, 80]$ とした．

　上記の制御対象を想定した，油圧ショベルのシミュレータを図 3.41 に示す．被験者は，図 3.41(a) のようにレバー操作によって，図 3.41(b) の油圧ショベルのバケット

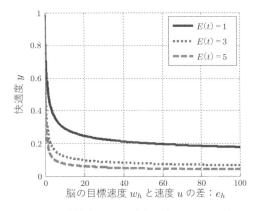

図 3.40　感性値 $y(t)$ と速度誤差 $e_h(t)$ の関係図

（a）被験者の様子　　　　　　　　　（b）シミュレータの画面

図 3.41　油圧ショベルシミュレータ

を上下に移動させる．このとき，被験者の官能評価により，バケットの速度が遅い場合は「不快」に感じ，速い場合は「快」に感じるシミュレータとなっている．

■シミュレーション結果

データベース駆動型感性フィードバック制御では，初期閉ループデータ $\{u_0, y_0\}$ を取得するために，外側ループの PID ゲインは

$$K_{P_1} = 3.5,\ K_{I_1} = 0.5,\ K_{D_1} = 3.5 \tag{3.82}$$

で与え，内側ループの PID ゲインは次式とする．

$$K_{P_2} = 1.5,\ K_{I_2} = 0.1,\ K_{D_2} = 0 \tag{3.83}$$

次に，上記の PID ゲインで取得した閉ループデータを用いて，データベース駆動型感性フィードバック制御を適用する．また，外側ループの制御器 C_1 を調整した結果を図 3.42 に示し，データベース駆動型感性フィードバック制御によって調整された

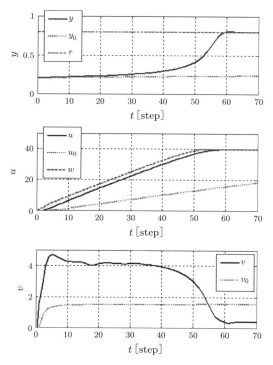

図 3.42　データベース駆動型感性フィードバック制御系の制御結果

PID ゲインの推移を図 3.43 に示す.

　図 3.42 から，固定 PID 制御である初期データ y_0 は，人の感性モデル（式 (3.80)）が非線形系であるため，所望の快適度 r に追従していないことがわかる．一方，データベース駆動型感性フィードバック制御を適用した場合の出力 y は，所望の快適度 r に追従している．これは，図 3.43 から，PID ゲインが適応的に調整されているためだと考えられる．また，人の脳内の目標速度 w_h は未知であるが，データベース駆動型感性フィードバック制御によって算出された w は，最終的に $w = 40$ となっていることがわかる．このことから，データベースを解析すれば，人の脳内の目標値を推定することが可能となることが示唆される.

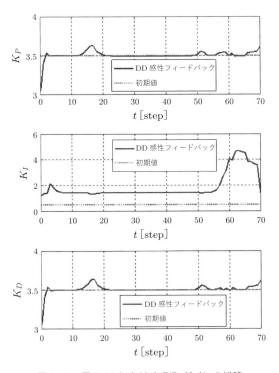

図 3.43 図 3.42 における PID ゲインの推移

第 4 章

制御性能評価に基づく PID 制御

産業システムの多くは，環境条件や操業条件の変更，さらには経年変化などによって，特性が変化することが知られている．そのような場合に対しても，製品品質の管理の観点から所望の制御性能を維持することが求められる現状にある．本章では，データ指向型 PID 制御の一つとして，制御性能評価と制御系設計を統合したパフォーマンス駆動型 PID 制御法を紹介する．

その準備として，4.1 節と 4.2 節では制御性能評価法について概説する．

4.1　制御性能評価

省エネルギー化や地球温暖化防止などの観点から，産業界においては，制約条件が課せられた中での生産効率の向上を求められている．このような現状にあって，生産システムや工業プロセスにおいては，制御システムの果たす役割は極めて大きく，高い制御性能を維持することが必要である．

たとえば，化学プラントなどに代表されるプロセス制御の分野では，従来，プラント運転を休止したうえで大規模メンテナンスが行われている．しかしながら，近年，ハードウェアの信頼性向上に伴い，コスト削減を目的として，このメンテナンス間隔が大きくなる傾向がある．メンテナンス周期が長期化するとその間，機器の磨耗や原料の品質変更によって，システムの特性が変化する場合がある．したがって，所望の制御結果が維持できなくなり，コントローラの再調整が必要になる．このような問題に対し，適応制御 [55]，セルフチューニング制御 [23]，さらにはオートチューニング制御 [56] が提案され，実際のプラントに実装されている事例もある．しかしながら，適応制御やセルフチューニング制御の場合，常に制御パラメータを再調整する構造になっており，良好な制御性能が得られていても，制御パラメータが変更される可能性がある．そのため，プロセス制御の現場では特性変動に対処できる一方で，安定運転している状態を乱す危険性も指摘されている．一方，プラントの制御が良好に行われているか否かという判断は，当該プラントを熟知したベテランオペレータの主観に依存す

る部分があり，定量的な評価は難しいとされていた.

この問題に対し，出力の分散に着目する制御性能評価法が提案された [9, 17]. この方法は，最小分散制御の出力の分散を基準とした方法で，性能の悪いときを 0，よいときを 1 として，定量的に制御性能を評価する方法である. また，この方法に基づいた多くのプロセス監視パッケージが，世界各国の計装メーカーより商品化されている [57]. 本節では，代表的な制御性能評価の方法である，Harris らによって提案された方法 (MV-index) と，Grimble によって提案された方法 (GMV-index) を概説する.

4.1.1 最小分散制御に基づいた方法 (MV-index)

Desborough と Harris は，閉ループシステムから最小分散に基づいた性能評価指標 (MV-index) を計算する方法を提案している [58]. 以下では，その概略を紹介する.

制御対象としては，次式で表される離散時間システムを考える†.

$$A(z^{-1})y(t) = z^{-(d+1)}B(z^{-1})u(t) + \frac{\xi(t)}{\Delta} \tag{4.1}$$

$A(z^{-1})$ および $B(z^{-1})$ は，次式で与えられる多項式である.

$$\begin{cases} A(z^{-1}) = 1 + a_1 z^{-1} + \cdots + a_n z^{-n} \\ B(z^{-1}) = b_0 + b_1 z^{-1} + \cdots + b_m z^{-m} \end{cases} \tag{4.2}$$

式 (4.1) の $u(t)$ と $y(t)$ は，それぞれ制御入力とシステム出力を示している. ここで，$\xi(t)$ は観測ノイズ（雑音）である. また，Δ は差分演算子を表し，$\Delta := 1 - z^{-1}$ である. さらに $d\ (\geq 0)$ は，既知むだ時間を表している. 式 (4.2) の n と m は，それぞれ多項式の次数である. 式 (4.1) で表されるシステムは，以下の仮定を満足するものとする.

仮定

A1 n と m は既知であり，$A(z^{-1})$ と $B(z^{-1})$ は規約である.

A2 $B(z^{-1})$ は安定多項式である.

A3 $\xi(t)$ は以下の条件を満足する.

$$\begin{cases} E[\xi(t)] = 0 \\ E[\xi^2(t)] = \sigma_\xi^2 \\ E[\xi(t)\xi(t+\tau)] = 0 \end{cases} \tag{4.3}$$

---

† 式 (4.1) を CARIMA (controlled auto-regressive integrated moving average) モデルとよぶ. CARIMA モデルは非定常過程を表現することができるため，化学プロセスでよくみられるトレンドの影響を除去できる. 一方，文献 [58] では CARMA モデルを使用している.

ただし，$E[\cdot]$ は期待値を，σ_ξ は $\xi(t)$ の標準偏差を示している．

A4 目標値 $r(t)$ は一定である．

式 (4.1) に対して，フィードバック制御則が次式として与えられるとする．

$$u(t) = \frac{C(z^{-1})}{\Delta} e(t) \tag{4.4}$$

ここで，$e(t)$ は制御誤差信号を表しており，次式で定義される．

$$e(t) := r(t) - y(t) \tag{4.5}$$

以上の制御系のブロック線図を図 4.1 に示す．

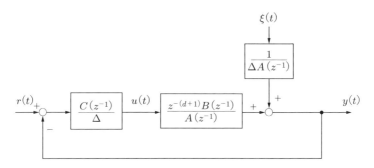

図 4.1 フィードバック制御系のブロック線図

式 (4.1)，(4.4)，(4.5) より，$e(t)$ は次式として得られる．

$$e(t) = \frac{\Delta A(z^{-1})}{\Delta A(z^{-1}) + z^{-(d+1)}B(z^{-1})C(z^{-1})} r(t)$$
$$- \frac{1}{\Delta A(z^{-1}) + z^{-(d+1)}B(z^{-1})C(z^{-1})} \xi(t) \tag{4.6}$$

ここで，仮定 A4 により，$\Delta r(t) = 0$ であることから，式 (4.6) の右辺第 1 項が 0 となる．このとき，システムの定常状態における制御誤差信号 $e(t)$ は次式となる．

$$e(t) = -\frac{1}{\Delta A(z^{-1}) + z^{-(d+1)}B(z^{-1})C(z^{-1})} \xi(t) \tag{4.7}$$

ここで，$\xi(t)$ の係数を $G_d(z^{-1})$ と定義する．

$$G_d(z^{-1}) := \frac{1}{\Delta A(z^{-1}) + z^{-(d+1)}B(z^{-1})C(z^{-1})} \tag{4.8}$$

式 (4.8) の $G_d(z^{-1})$ の分母多項式は，適切な制御器 $C(z^{-1})$ により，安定化されているとする．したがって，式 (4.8) の $G_d(z^{-1})$ を次式のように，むだ時間より前と後の部分に分割することができる [59, 60, 61]．

$$e(t) = -(G_{d1}(z^{-1}) + z^{-(d+1)}G_{d2}(z^{-1}))\xi(t) \tag{4.9}$$

ただし，$G_{d1}(z^{-1})$ および $G_{d2}(z^{-1})$ は，それぞれ次式として定義される.

$$G_{d1}(z^{-1}) := n_0 + n_1 z^{-1} + \cdots + n_d z^{-d} \tag{4.10}$$

$$G_{d2}(z^{-1}) := d_0 + d_1 z^{-1} + \cdots \tag{4.11}$$

式 (4.9) は $\xi(t)$ を含めると，次式で表される.

$$e(t) = -(\underbrace{n_0\xi(t) + \ldots + n_d\xi(t-d)}_{v(t)} + \underbrace{d_0\xi(t-d-1) + d_1\xi(t-d-2) + \ldots}_{w(t-d-1)})$$

$$= -(v(t) + w(t-d-1)) \tag{4.12}$$

ここで，システムには $d+1$ ステップのむだ時間が存在するため，$v(t)$ は制御入力 $u(t)$ とは相関がなく，いかなる制御入力によっても，この $v(t)$ を除去することはできない. 一方，$w(t-d-1)$ は最適な $u(t)$ をもって，除去することができる. したがって，以下のような関係を得る. ただし，$Var[\cdot]$ は分散を表す.

$$Var[e(t)] = Var[v(t)] + Var[w(t-d-1)]$$

$$\geq Var[v(t)] \tag{4.13}$$

これらの式から，$v(t)$ が最小分散出力となることがわかる. ここで，$\sigma_{MV}^2 := Var[v(t)]$，$\sigma_e^2 := Var[e(t)]$ とすると，最小分散制御性能指標 (MV-index) I_1 は，次式で表される.

$$I_1 = \frac{\sigma_{MV}^2}{\sigma_e^2} \tag{4.14}$$

したがって，I_1 が 1 に近い（σ_e^2 が σ_{MV}^2 に近い）ほど，制御性能がよいことを意味している.

ところで，実現可能な最小分散を意味する σ_{MV}^2 の求め方として，様々な方法が提案されている. ここでは，文献 [58] で提案されている，最小二乗法を用いる方法を紹介する.

式 (4.9) の両辺に $z^{-(d+1)}$ をかけると，次式で表される.

$$e(t-d-1) = -(G_{d1}(z^{-1}) + z^{-(d+1)}G_{d2}(z^{-1}))\xi(t-d-1) \tag{4.15}$$

式 (4.15) から，$\xi(t-d-1)$ は次式で表される.

$$\xi(t-d-1) = -\frac{1}{G_{d1}(z^{-1}) + z^{-(d+1)}G_{d2}(z^{-1})}e(t-d-1) \tag{4.16}$$

式 (4.9)，(4.16) から，次式を得る.

$$e(t) = -G_{d1}(z^{-1})\xi(t) + \frac{G_{d2}(z^{-1})}{G_{d1}(z^{-1}) + z^{-(d+1)}G_{d2}(z^{-1})}e(t-d-1) \quad (4.17)$$

ここで，式 (4.17) の右辺第 1 項は式 (4.12) の $v(t)$ であるので，次式を得る．

$$e(t) = -v(t) + \frac{G_{d2}(z^{-1})}{G_{d1}(z^{-1}) + z^{-(d+1)}G_{d2}(z^{-1})}e(t-d-1) \quad (4.18)$$

また，式 (4.18) の右辺第 2 項を AR (auto-regressive) モデル（自己回帰モデル）で表すと，次式の関係が得られる．

$$e(t) = -v(t) + \sum_{i=1}^{p} \alpha_i e(t-d-i) \quad (4.19)$$

なお，次数 p は，制御対象の次数に比べて十分に大きな値に設定する必要がある．式 (4.19) の関係をまとめると，次式で表すことができる．

$$\mathbf{e} = \mathbf{X}\mathbf{a} - \mathbf{v} \quad (4.20)$$

ここで，$\mathbf{e}$, $\mathbf{X}$ は過去のデータを格納したベクトルおよび行列である．また，$\mathbf{a}$ は自己回帰パラメータベクトルであり，$\mathbf{v}$ はモデル化誤差ベクトルである．それぞれ以下のように表される．

$$\mathbf{e} = \Big[e(t),\, e(t-1),\, \cdots,\, e(t-n)\Big]^{\mathrm{T}} \quad (4.21)$$

$$\mathbf{X} = \begin{bmatrix} e(n-d-1) & \cdots & e(n-d-p) \\ e(n-d-2) & \cdots & e(n-d-p-1) \\ \vdots & \ddots & \vdots \\ e(t-d-n-1) & \cdots & e(t-d-p-n-1) \end{bmatrix} \quad (4.22)$$

$$\mathbf{a} = \Big[\alpha_1,\, \alpha_2,\, \cdots,\, \alpha_p\Big]^{\mathrm{T}} \quad (4.23)$$

$$\mathbf{v} = \Big[v(t),\, v(t-1),\, \cdots,\, v(t-n)\Big]^{\mathrm{T}} \quad (4.24)$$

ここで，n は評価区間を表している．また，式 (4.20) の $\mathbf{a}$ は未知であるため，次式によって推定値を求める．

$$\hat{\mathbf{a}} = (\mathbf{X}^{\mathrm{T}}\mathbf{X})^{-1}\mathbf{X}^{\mathrm{T}}\mathbf{e} \quad (4.25)$$

ただし，$\mathbf{X}^{\mathrm{T}}\mathbf{X}$ が正則でない場合は，$\hat{\mathbf{a}}$ の更新を行わず，一つ前のものを採用する．このとき，実現可能な最小分散 σ_{MV}^2 は次式として得られる．

$$\sigma_{MV}^2 = (\mathbf{e} - \mathbf{X}\hat{\mathbf{a}})^{\mathrm{T}}(\mathbf{e} - \mathbf{X}\hat{\mathbf{a}}) \quad (4.26)$$

4.1.2　一般化最小分散制御に基づいた方法 (GMV-index)

　前項で考察した方法は，最小分散制御に基づいて導出された方法である．しかし，制御量の最小分散を実現しようとすると，操作量の分散が非常に大きくなってしまう．操作量の分散が大きくなると，アクチュエータに多大な負担を強いることになり，故障を引き起こしてしまう危険がある．また，そのようなコントローラは外乱に対する感度が高く，安定性が低下してしまう．したがって，制御量の分散だけではなく，操作量の分散も考慮することが，より実用的な制御性能評価指標を与えることになる．そこで本項では，Grimble が提案している，一般化最小分散制御 (generalized minimum variance control : GMVC) に基づく制御性能評価指標 (GMV-index)[12, 18, 62] を紹介する．GMV-index は，制御量の分散と操作量の分散を同時に評価することができ，またその割合は重み係数を変化させることにより調整できる．したがって，操作量または制御量それぞれの分散をどの程度重視すべきかを，上位オプティマイザーから指令される運転状況を踏まえて，評価することができる．

　GMV-index を次式で定義する．

$$I_2 := \sigma_e^2 + \lambda \sigma_{\Delta u}^2 \tag{4.27}$$

ただし，$\sigma_{\Delta u}^2$ は $\Delta u(t)$ の標準偏差を示している．

　式 (4.27) の評価指標は，入力側の重み係数 λ によって値が異なる．すなわち，λ の設計は，制御性能として，出力側の分散を小さくすることを重視するか，入力差分の分散を小さくすることを重視するかの指針を与えるものである．たとえば，出力分散を小さくすることが製品品質の向上などにつながる場合は λ を小さめに，入力の変動を抑えることが，アクチェータの長寿命化などにつながる場合は λ を大きめに設定することが考えられる．このように，当該プラントによる利益の指標となるように λ を設計することができる．

4.2　「評価」と「設計」を統合した PID 制御

　前節では，制御性能評価法について説明した．ここでは，一般化最小分散制御に基づいて PID パラメータを再調整する方法を説明し，「評価」と「設計」を統合して排ガス燃焼プロセスの制御性を改善した事例について紹介する．

4.2.1　制御性能評価に基づく PID チューニングツール [63]

■ プロセスの記述と PID コントローラ

化学プロセスの動特性は，厳密には，高次遅れ系や非線形系，稀に不安定系もあるが，プロセスの多くは安定系で，コントローラも線形であることから，ここでは対象とするプロセスを，以下に示すような低次線形モデルで記述することを考える.

Case 1 「一次遅れ + むだ時間」系

$$\frac{K}{1+Ts}e^{-Ls} \tag{4.28}$$

Case 2 「二次遅れ + むだ時間」系

$$\frac{K}{(1+T_1s)(1+T_2s)}e^{-Ls} \tag{4.29}$$

Case 3 「積分 + むだ時間」系

$$\frac{K}{Ts}e^{-Ls} \tag{4.30}$$

Case 4 「積分 + 一次遅れ + むだ時間」系

$$\frac{K}{s(1+Ts)}e^{-Ls} \tag{4.31}$$

K, $T(T_1, T_2)$, L は，それぞれ，プロセスゲイン，時定数，むだ時間を表している.上述のモデルを離散化すると，いずれも二次以下の離散システムとなり，式 (4.1) に示す CARIMA モデルで記述することができる.ただし，$A(z^{-1})$ と $B(z^{-1})$ は次式で与えられる.

$$\begin{cases} A(z^{-1}) = 1 + a_1 z^{-1} + a_2 z^{-2} \\ B(z^{-1}) = b_0 + b_1 z^{-1} \end{cases} \tag{4.32}$$

なお，システムパラメータを同定する際は，Case 1 は $a_2 = 0$，Case 2 は制約なし，Case 3 は $a_1 = -1$，$a_2 = 0$，Case 4 は $a_2 = -(a_1 + 1)$ とする.

一方，ここでは，制御器として PID コントローラを考えるが，これにはいくつかの種類があり，また制御装置を提供するベンダによっても演算式が異なる.ここでは，PID 制御則の一例として，化学プラントでよく使われている次式の比例・微分先行型 PID (I-PD) 制御則に基づいて説明する.

$$\Delta u(t) = \frac{k_c T_s}{T_I} e(t) - k_c \left(\Delta + \frac{T_D}{T_s} \Delta^2 \right) y(t) \tag{4.33}$$

$$e(t) := r(t) - y(t) \tag{4.34}$$

ここで，k_c，T_I，T_D は PID パラメータで，それぞれ，比例ゲイン，積分時間，微分時間を意味し，$e(t)$ は，目標値 $r(t)$ と制御量 $y(t)$ の偏差を表している†．また，T_s はサンプリング間隔を示している．

図 4.2 に，後述する一般化最小分散制御 (GMVC) に基づいた PID チューニング法 (GMV-PID) をアプリケーション化した PID チューニングツールを示す．このツールは，目標値 (SV)，制御量 (PV)，操作量 (MV) の時系列データを読み込み，遺伝的アルゴリズム (GA) を使って，式 (4.1) のシステムパラメータ (a_1, a_2, b_0, b_1, d) を算出している．詳細は，文献 [63] を参照されたい．なお，システムパラメータを算出する方法は，GA でなくてもよいが，むだ時間 d を含む混合整数計画問題が同一アルゴリズムで解けることや，システムパラメータ a_i，b_i の探索範囲をあらかじめ経験などに基づいて設定できるといった利点があるため，後で紹介する排ガス燃焼プロセスへの応用に際しては，GA を用いた．その一方で，GA はランダム探索のため，稀に解の再現性が得られないといった欠点もある．

PID チューニングツールは，算出したシステムパラメータに基づいて，式 (4.33) の PID パラメータ (k_c, T_I, T_D) を求める．その方法について，次に簡単に説明する．

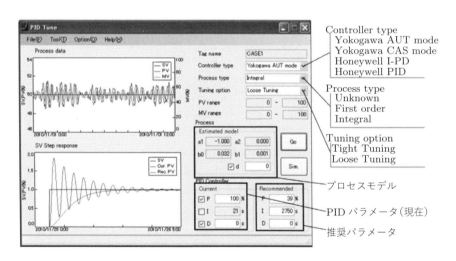

図 4.2 PID チューニングツール

---

† 式 (3.3) において，$K_P := k_c$，$K_I := k_c T_s / T_I$，$K_D := k_c T_D / T_s$ とおけばこの式と等価になる．本書では，(K_P, K_I, K_D) を PID ゲイン，(k_c, T_I, T_D) を PID パラメータとよぶ．

■PID チューニング法

まず，式 (4.33) を次式として書き換える．

$$C(z^{-1})y(t) + \Delta u(t) - C(1)r(t) = 0 \tag{4.35}$$

ただし，

$$C(z^{-1}) := k_c \left\{ \left(1 + \frac{T_s}{T_I} + \frac{T_D}{T_s} \right) - \left(1 + \frac{2T_D}{T_s} \right) z^{-1} + \frac{T_D}{T_s} z^{-2} \right\} \tag{4.36}$$

である．PID 制御による制御性能は，PID パラメータに大きく左右される．ここで
は，文献 [19, 64] において提案されている，一般化最小分散制御 (GMVC) に基づい
た PID チューニング法 (GMV-PID) を用いる．

GMVC の評価規範の一つの形が，次式として与えられる．

$$J = E[(P(z^{-1})y(t + d + 1) + \lambda \Delta u(t) - P(1)r(t))^2] \tag{4.37}$$

ここで，$E[\cdot]$ は期待値を表している．$P(z^{-1})$ は設計多項式であり，次式として与えら
れるものとし，その設計については付録 A.2 を参照されたい．

$$P(z^{-1}) = 1 + p_1 z^{-1} + p_2 z^{-2} \tag{4.38}$$

式 (4.37) の評価規範の最小化により，次式による制御則が与えられる．

$$F(z^{-1})y(t) + (E(z^{-1})B(z^{-1}) + \lambda)\Delta u(t) - P(1)r(t) = 0 \tag{4.39}$$

ここで，$E(z^{-1})$ と $F(z^{-1})$ は制御パラメータであり，以下の Diophantine 方程式
に基づいて計算される．

$$P(z^{-1}) = \Delta A(z^{-1})E(z^{-1}) + z^{-(d+1)}F(z^{-1}) \tag{4.40}$$

$$\begin{cases} E(z^{-1}) = 1 + e_1 z^{-1} + \cdots + e_d z^{-d} \\ F(z^{-1}) = f_0 + f_1 z^{-1} + f_2 z^{-2} \end{cases} \tag{4.41}$$

いま，式 (4.39) の第二項の係数多項式を定常項に置き換えた次式を考える．

$$F(z^{-1})y(t) + (E(1)B(1) + \lambda)\Delta u(t) - P(1)r(t) = 0 \tag{4.42}$$

ここで，新しく ν を

$$\nu := E(1)B(1) + \lambda \tag{4.43}$$

として定義すると，式 (4.42) は次式と書ける．

$$\frac{F(z^{-1})}{\nu}y(t) + \Delta u(t) - \frac{P(1)}{\nu}r(t) = 0 \tag{4.44}$$

このとき，式 (4.35) と式 (4.44) を比較すると，

$$C(z^{-1}) = \frac{F(z^{-1})}{\nu} \tag{4.45}$$

として，$C(z^{-1})$ を設計すれば，GMVC に基づいて PID パラメータを計算することができる．すなわち，式 (4.35)，(4.44) から，PID パラメータは次式により計算される．

$$\begin{cases} k_c = -\dfrac{1}{\nu}(f_1 + 2f_2) \\[2mm] T_I = -\dfrac{f_1 + 2f_2}{f_0 + f_1 + f_2} T_s \\[2mm] T_D = -\dfrac{f_2}{f_1 + 2f_2} T_s \end{cases} \tag{4.46}$$

なお，λ は，システムゲイン $K(:= (b_0 + b_1)/(1 + a_1 + a_2))$ を参考にしながら，若干の試行錯誤を通して調整する．

■ PID チューニングツール

　すでにお気づきの読者も多いと思うが，本手法はデータがすべてである．実際のプラント運転データには有色ノイズや不規則外乱も含まれており，理論どおりに期待した結果が得られないこともある．得られた答えが正しいかどうか，それを見極めやすくする工夫が実用上非常に重要であると思われるので，以下では，実装例の一つとして，図 4.2 に示した PID チューニングツールの機能について述べる．データを読み込むと "Process data" に設定値 (SV)，制御量 (PV)，操作量 (MV) のトレンドが表示される．"Controller type" には，コントローラのタイプを指定し，内部で同定するコントローラの PID 制御則が切り替わるようになっている．"Process type" には，プロセスのモデルタイプを固定しない場合は Unknown を，式 (4.28)〜(4.31) のいずれかのモデルに固定する場合は，それぞれのタイプを指定する．流量制御や液面制御のようにあらかじめプロセスがわかっている場合は，タイプを指定したほうが精度の高い結果を得ることができる．"Estimated model" には，GA によって算出したプロセスモデルのシステムパラメータが表示される．この GA によるシステムパラメータの算出に際しては，同時に現在実機において用いられている PID パラメータも算出される．この結果が，"PID Controller" の "Current" に表示される．本来は，PID パラメータを同定する必要はないが，実際に適用している PID パラメータと比較することで，同時に算出したシステムパラメータの同定精度を確認することができるため，これを表示させている．算出した PID パラメータと実機にセットされている PID パラメータがほぼ一致すれば，算出したプロセス（システム）の同定精度は高いと判断できる．"Recommended" には，上述の PID パラメータチューニング法により算出し

た推奨 PID パラメータが表示される．"SV Step response"には，算出したプロセス
モデルと現在実機に設定されている PID パラメータによるステップ応答シミュレー
ション結果，および算出したプロセスモデルと推奨 PID パラメータによるステップ応
答シミュレーション結果がグラフ表示される．図のように，現在の PID パラメータの
シミュレーション結果と実際のトレンドの振動周期が一致していれば，チューニング
不良によって周期的な振れが生じていると判断でき，推奨パラメータに変更すること
で，推奨パラメータのシミュレーション結果のように制御性が改善できることが期待
できる．また，"Recommended"に表示されている推奨 PID パラメータは，算出し
た推奨 PID パラメータを参考に制御エンジニアによって書き換えることができ，Sim
ボタンを押すことで何度でもシミュレーションが行える．このように，制御エンジニ
アが，少しずつ PID パラメータを変更しながら制御応答を確認できるように配慮され
ている．

　一方，算出した PID パラメータと実際の PID パラメータが異なるときは，推奨パ
ラメータの信頼性が低いことを踏まえて，実機チューニングに臨む必要がある．

■制御診断システムとの連携

　4.1.1 項で述べた制御性能評価法から，制御性能が低いと評価されたデータの中に
は，チューニング以外が原因で振れているデータも含まれる．そのため，適用例では，
制御不具合原因を診断する制御診断システムを構築し，チューニング不良が原因と診
断されたコントローラに対してのみ，PID 制御系設計法を適用するようにしている．
つまり，制御性能評価に基づいて，PID チューニング不良が疑われるコントローラを
絞り込んだうえで，PID チューナーにより，PID パラメータの再調整を行う．ここで
は，すでに開発済みの制御診断システムと連携させることを考える．以下に，制御診
断システムの機能を簡単に説明する．

1. 制御性能評価
   4.1.1 項で述べた，最小分散制御性能指標 (MV-index) を用い，制御性能が低い
   コントローラを抽出する．
2. 制御モードの判定
   コントローラの制御モードを調べ，マニュアルモードで運転されているコントロー
   ラをチューニング対象から除く．
3. バルブ動作不具合の判定
   バルブの固着など，バルブ動作不良は閉ループでチューニング不良に似た周期振
   動を生じるため，バルブ不具合判定法を使ってチューニング対象から除く．
4. 原因ループの検出

　一つのコントローラのチューニング不良が周辺のコントローラに伝搬し，制御性能を悪化させている場合があるので，原因ループの検出法を使って，チューニング不良以外のコントローラをチューニング対象から除く．
5. PID チューニング不良の判定
　　制御性能評価で性能が低いと判定されたコントローラのうち，上記チューニング対象から除外した残りを最終的なチューニング対象として絞り込み，制御診断結果として出力する．

　この制御診断システムは，Web サーバ上で稼働し，あらかじめ登録したコントローラのリストに従って，PIMS (plant information management system) に収集されたプラント運転データを解析し，診断結果を Web ファイルに出力する．チューニング不良と診断されたコントローラは，図 4.3 のように，制御エンジニアが PID チューニングツールを使って推奨パラメータを算出し，それをもとに実機チューニングを行う．制御診断システムは，毎日定刻になると自動的に稼働し，診断結果も毎日更新される．そのため，制御エンジニアは，その都度，制御診断結果に基づいて改善し，PDCA (plan-do-check-action) を回すことでプラント全体，あるいは工場全体の制御性能を向上させることができる仕組みになっている．また，本システムは，改善後も，制御性能を維持するための制御モニタリングシステムとしても活用することができ，適用先では，GUI (graphical user interface) を一新させ，制御 KPI (key performance indicator) として工場全体の制御性能が監視できるようにしている．

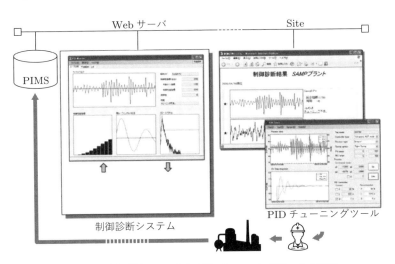

図 4.3　制御診断システムと PID チューニングツールの連携

■排ガス燃焼プロセスへの適用結果

　化学プラントでは，PID コントローラが広く使われており，一つのプラントで数百，工場全体では数千のコントローラが稼働している．そのため，オペレータや制御エンジニアが個々のコントローラの制御性能まで気を配り，管理することは困難である．工場全体の PID コントローラの制御性能を，自動的に診断する制御診断システムは，工場の制御性能，および生産性を維持するうえで重要である．実機チューニングに際して，安全かつ効率的にコントローラの性能向上に，制御性能評価に基づいた PID 制御系の設計法は有効である．

　制御診断システムと PID チューニングツールを活用し，実際のプラントの制御性能を改善した事例を図 4.4 に紹介する．図は，排ガス燃焼プロセスで，流量制御を FC，圧力制御を PC，温度制御を TC で示している．本プロセスで，同じ周期の振れが多く観察され，制御診断結果から，黒枠で囲んだ PID コントローラのチューニング不良が原因で周期的な振れが発生し，周辺ループにも伝搬していることが判明した．そこで，チューニング不良と診断された二つのコントローラのデータを PID チューニングツールで解析し，算出された推奨パラメータを参考にして実機チューニングを行ったところ，図のような大幅な改善が見られた．チューニング前のトレンドを灰色，チューニング後のトレンドを黒色で示している．多くの箇所で振れ幅が小さくなり，周期性も解消している様子がわかる．参考までに PID パラメータを示すと，チューニング前の圧力制御 (PC) のパラメータが $k_c = 0.5$，$T_I = 0.3\,\mathrm{min}$，温度制御 (TC) のパラメータが $k_c = 3$，$T_I = 4\,\mathrm{min}$ であったのに対し，チューニング後のパラメータは，圧力

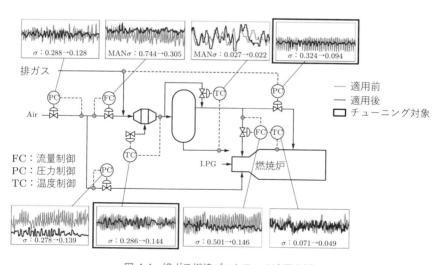

図 4.4　排ガス燃焼プロセスへの適用事例

制御が $k_c = 1.6$, $T_I = 4\,\mathrm{min}$, 温度制御が $k_c = 1.4$, $T_I = 8\,\mathrm{min}$ となった．制御干渉を起こしているような複雑なケースであっても，制御診断システムを用いて，制御性能の劣化原因となっているコントローラを特定し，PID チューニングツールを使って適正にチューニングすることで，安全かつ効率的にプラントの制御上の諸問題を解決できることが確認できた．

　適用先では，制御診断システムの適用実績が 12000 コントローラを超えており，その内 PID チューニングを実施したコントローラも 2500 を超えている．本章で解説した制御性能評価法や PID 制御系設計法は実用性が高く，実産業においても広く役立っている．

4.3　パフォーマンス駆動型 PID 制御

　4.1 節では，制御性能を定量的に評価する制御性能評価法について概説し，さらに 4.2 節では，それに基づいた PID 制御系の設計法と応用について紹介した．そこでは，「評価」と「設計」との間にオペレータが介在し，それぞれの支援ツールの結果を連携させて，オペレータの判断に基づいて制御性能の改善が図られた．

　本節では，「評価」と「設計」をオンラインで統合させる PID 制御系の設計法について述べる．つまり，制御性能劣化時に PID チューニング機構が自動的に駆動されるパフォーマンス駆動型 PID 制御系の設計法 [12, 65] を説明する．

4.3.1　制御系の概要

　パフォーマンス駆動型 PID 制御系のブロック線図を図 4.5 に示す．

　図 4.5 に示すように，パフォーマンス駆動型 PID 制御系は，PID 制御系に加えて，

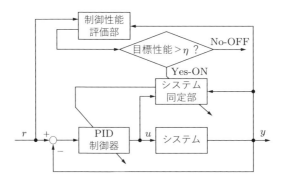

図 4.5　パフォーマンス駆動型 PID 制御系のブロック線図

システム同定部と制御性能評価部をもつ．まず，4.1 節で説明したような MV-index などの制御性能評価指標により，制御性能を逐次評価し，これがあらかじめ設定したしきい値を下回ると，直近の入出力データを用いてシステム同定を行い，推定されたシステムパラメータに基づいて PID パラメータを再調整する．

　PID パラメータのチューニング法として，4.2.1 項では GMV-PID 制御法 [19, 64] を紹介したが，ここでは，一般化予測制御 (generalized predictive control : GPC) との関連に基づいた方法（GPC-PID 法）[66] を適用する．プロセスシステムには，むだ時間の大きなシステム，あるいは稼働中にむだ時間が変動するシステムが存在する．GPC-PID 法は，このようなシステムに対する PID パラメータ調整法として知られて

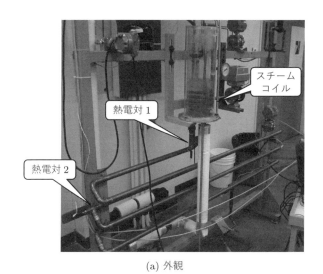

(a) 外観

(b) 概要図

図 4.6　温度制御実験装置

いる．GPC-PID 法の詳細は，紙面の都合上省略するが，文献 [66] を参照されたい．

4.3.2　温度制御実験

　ここでは，パフォーマンス駆動型 PID 制御法の有効性を検証するために，タンク内の水の温度制御実験を行う．

　実験装置の写真を図 4.6(a) に，概要図を図 (b) に示す．タンクの水位はほかの制御ループによって 17 cm に保たれている．制御入力は，タンク内を通るスチームコイルの弁開度として与えられる．また，システム出力は，熱電対 1 と熱電対 2 から得られる．実験時間は 14000 s であり，8000 s より以前は熱電対 1 を出力センサとし，それ以降は熱電対 2 を出力センサとする．排水パイプの長さによって，むだ時間を変化させることができる．

　サンプリング間隔は 10 s として設定する．制御対象の伝達関数は一次遅れ系として記述できるため，PI 制御器を適用する．

　まず，この制御対象に固定の PI 制御器を適用する．このときの制御パラメータは $k_c = 1.94$ および $T_I = 30.76$ とした．これらは前述したとおり，GPC に基づいた PID 制御法の計算により求めた．図 4.7 は固定 PI 制御器による制御結果であり，このときの制御性能を計算したものを図 4.8 に示す．むだ時間の変動により，8000 s ($t = 800$) 付近で応答が振動的になっている．それに伴って，制御性能も劣化している様子が図 4.8 からわかる．なお，この制御性能評価は 10 サンプルごとに，過去 300 サンプルの

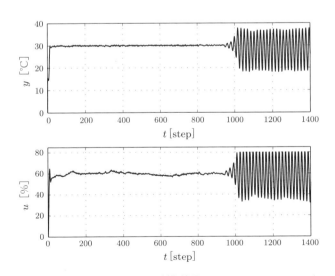

図 4.7　固定 PI 制御器による制御結果 ($k_c = 1.94$, $T_I = 30.76$)

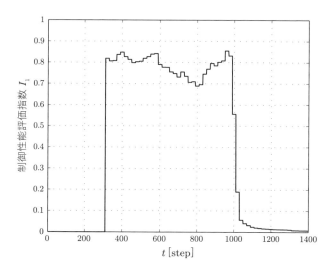

図 4.8　固定 PI 制御器による制御性能評価結果

入出力信号を用いて，計算している．

　次に，パフォーマンス駆動型 PI 制御法を適用した結果を示す．図 4.9，図 4.10 および図 4.11 はそれぞれ，制御結果，制御性能評価結果，および，PI パラメータ計算結果を表している．なお，PI パラメータの再計算は，制御性能評価指標が 0.6 を下回った場合に行われるように設定している．図 4.9 によると，むだ時間が大きくなるため，入出力信号が 8000 s ($t = 800$) 付近で若干振動的になっている．図 4.10 によるとそ

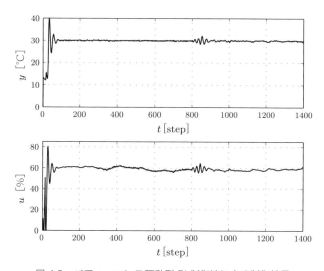

図 4.9　パフォーマンス駆動型 PI 制御法による制御結果

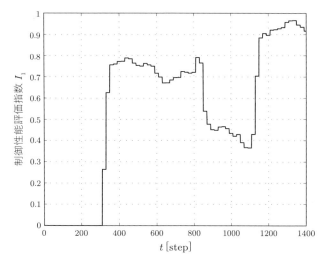

図 4.10 パフォーマンス駆動型 PI 制御法による制御性能評価結果

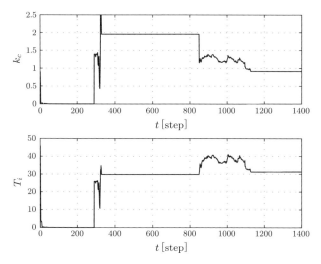

図 4.11 パフォーマンス駆動型 PI 制御法による PI パラメータ計算結果

れに伴って，制御性能が劣化している様子がわかる．しかしながら図 4.11 に示すように，PI パラメータの再調整が行われたことで，制御性能が回復していることが図 4.9，4.10 からわかる．

4.4　FRIT 法を用いたパフォーマンス駆動型制御

　4.1 節では，制御性能評価として，最小分散制御則に基づく MV-index，一般化最小分散制御則に基づく GMV-index を説明した．さらに，4.2 節，4.3 節では，MV-index が劣化した場合のみ，制御パラメータを調整する方法を実装し，実機実験からその有用性を検証した．しかしながら，前節までの手法は，制御性能評価と制御系設計は異なった指標に基づいており，制御性能評価指標が向上するように，陽に制御パラメータは調整されていないこと，また，制御パラメータの調整に，システム同定が必要なことなどの問題を有している．一方，文献 [61] では，GMV-index を同一の指標として，「制御系設計」と「制御性能評価」の双方を行う方法が提案されている．しかし，制御パラメータの調整に最急降下法を用いているため，相当な時間がかかってしまう．

　そこで，本節では，閉ループデータを用いて，MV-index の一つの指標に基づき制御パラメータを調整する，パフォーマンス駆動型制御系の設計法 [22] を紹介する．具体的には，制御パラメータ調整に FRIT 法 [4] を導入することで，システム同定を介さず，一回の制御パラメータ調整のみで制御性能改善を図ることができる．本節で紹介する手法は，FRIT に基づいたパフォーマンス駆動型制御であることから，PD-FRIT (performance-driven control system based on FRIT) 法とよぶこととする．

4.4.1　参照軌道を考慮した MV-index の導出

　4.1 節の式 (4.14) の MV-index により，最小分散制御をベンチマークとして制御性能を評価することができる．しかし，最小分散制御は，むだ時間の後にシステム出力が目標値に追従する，いわゆるデッドビート制御を実現することを目的とするものであるため，時定数の大きな制御対象に対しては，過度な制御入力が必要となる場合がある．これは，実システムにおいて好ましいものではなく，これを避けるため目標値へ数ステップかけて追従させる方策がとられることが多い．すなわち，制御対象の時定数を考慮したベンチマークが効果的な場合もある．ここでは，参照モデルを設定したうえで，それを実現する制御パラメータを算出する方法を導入する．

　文献 [62] を参考に，式 (4.1) のシステムに対して，以下の評価規範の最小化に基づく最小分散制御則を導出する．

$$J = E\left[\phi^2(t+d+1)\right] \tag{4.47}$$

$\phi(t+d+1)$ は次式で与えられる．

$$\phi(t+d+1) := P(z^{-1})y(t+d+1) - P(1)r(t) \tag{4.48}$$

ここで，$P(z^{-1}) = 1$ と設定すれば，4.1 節で説明した最小分散制御則と等価となることに注意されたい．次に，式 (4.49) で与えられる Diophantine 方程式を導入する．

$$P(z^{-1}) = \Delta A(z^{-1})E(z^{-1}) + z^{-(d+1)}F(z^{-1}) \tag{4.49}$$

$$E(z^{-1}) = 1 + e_1 z^{-1} + \cdots + e_d z^{-d} \tag{4.50}$$

$$F(z^{-1}) = f_0 + f_1 z^{-1} + \cdots + f_n z^{-n} \tag{4.51}$$

いま，式 (4.48) は次式のように書き換えられる．

$$\phi(t+d+1) = \frac{P(z^{-1})}{T(z^{-1})}\xi(t+d+1) \tag{4.52}$$

$$= E(z^{-1})\xi(t+d+1) + S(z^{-1})\xi(t) \tag{4.53}$$

$$T(z^{-1}) := \Delta A(z^{-1}) + z^{-(d+1)}B(z^{-1})C(z^{-1}) \tag{4.54}$$

$$S(z^{-1}) := \frac{F(z^{-1}) - B(z^{-1})C(z^{-1})E(z^{-1})}{T(z^{-1})} \tag{4.55}$$

式 (4.53) の導出方法を以下に示す．まず，式 (4.1), (4.4) より次式が得られる．

$$\Delta A(z^{-1})y(t) = z^{-(d+1)}B(z^{-1})\Delta u(t) + \xi(t)$$
$$= z^{-(d+1)}B(z^{-1})C(z^{-1})(r(t) - y(t)) + \xi(t) \tag{4.56}$$

このとき，式 (4.54) の $T(z^{-1})$ を用いると，

$$y(t) = \frac{z^{-(d+1)}B(z^{-1})C(z^{-1})}{T(z^{-1})}r(t) + \frac{1}{T(z^{-1})}\xi(t) \tag{4.57}$$

となる．ここで，式 (4.48) に式 (4.57) を代入し展開すると，

$$\phi(t+d+1) = \frac{B(z^{-1})C(z^{-1})P(z^{-1})}{T(z^{-1})}r(t) + \frac{P(z^{-1})}{T(z^{-1})}\xi(t+d+1) - P(1)r(t)$$
$$= \frac{B(z^{-1})C(z^{-1})(P(z^{-1}) - z^{-(t+1)}P(1)) + \Delta A(z^{-1})P(1)}{T(z^{-1})}r(t)$$
$$+ \frac{P(z^{-1})}{T(z^{-1})}\xi(t+d+1) \tag{4.58}$$

となる．ここで，目標値はむだ時間の間一定 $(r(t) = r(t-1) = \cdots = r(t-d-1))$ であるとすると，式 (4.58) の右辺第一項はゼロになり，次式（式 (4.52)）を得る．

$$\phi(t+d+1) = \frac{P(z^{-1})}{T(z^{-1})}\xi(t+d+1) \tag{4.59}$$

さらに，式 (4.49), (4.54) により

$$E(z^{-1})T(z^{-1}) = \Delta A(z^{-1})E(z^{-1}) + z^{-(d+1)}B(z^{-1})C(z^{-1})E(z^{-1})$$
$$= P(z^{-1}) - z^{-(d+1)}F(z^{-1})$$
$$+ z^{-(d+1)}B(z^{-1})C(z^{-1})E(z^{-1}) \tag{4.60}$$

となる．式 (4.52) の両辺に $E(z^{-1})T(z^{-1})$ を乗じると

$$E(z^{-1})T(z^{-1})\phi(t+d+1) = E(z^{-1})P(z^{-1})\xi(t+d+1) \tag{4.61}$$

となる．最後に，式 (4.60) を式 (4.61) に代入し，式 (4.52)，(4.55) を用いると次式
のように式 (4.53) を得る．

$$\phi(t+d+1) = E(z^{-1})\xi(t+d+1) + \frac{F(z^{-1}) - B(z^{-1})C(z^{-1})E(z^{-1})}{T(z^{-1})}\xi(t)$$
$$= E(z^{-1})\xi(t+d+1) + S(z^{-1})\xi(t) \tag{4.62}$$

　最小分散制御則は，式 (4.47) を最小化することである．したがって，コントローラ
$C(z^{-1})/\Delta$ によって式 (4.53) の $S(z^{-1})$ をゼロにすればよい．このときの最適なコン
トローラ $C_{opt}(z^{-1})/\Delta$ に含まれる $C_{opt}(z^{-1})$ は，

$$C_{opt}(z^{-1}) = \frac{F(z^{-1})}{E(z^{-1})B(z^{-1})} \tag{4.63}$$

と求めることができる．次に，式 (4.47) の評価規範 J は，式 (4.53) を用いると次式
となる．

$$J = E\left[\phi^2(t+d+1)\right]$$
$$= E\left[\left(E(z^{-1})\xi(t+d+1) + S(z^{-1})\xi(t)\right)^2\right] \tag{4.64}$$

$\xi(t)$ は白色雑音であるため，式 (4.64) は次式のように分離できる．

$$J = E\left[\left(E(z^{-1})\xi(t+d+1)\right)^2\right] + E\left[\left(S(z^{-1})\xi(t)\right)^2\right]$$
$$= J_{\min} + J_0 \tag{4.65}$$

ただし，

$$J_{\min} = E\left[\left(E(z^{-1})\xi(t+d+1)\right)^2\right] \tag{4.66}$$

$$J_0 = E\left[\left(S(z^{-1})\xi(t)\right)^2\right] \tag{4.67}$$

となる．ここで，最適なコントローラ $C_{opt}(z^{-1})/\Delta$ を用いた場合，$J_0 = 0$ となる．
つまり，評価規範が $J = J_{\min}$ となるとき，最小分散を達成できる．
　最小分散制御則に基づく制御性能評価指標 (MV-index) を次式で定義する．

$$\kappa := \frac{J_{\min}}{J_{\min} + J_0} = 1 - \frac{J_0}{J_{\min} + J_0} \tag{4.68}$$

前節より，$J_0 = 0$ となる場合に最小分散を達成することができるので，$\kappa \to 1$ のとき 'good control'，$\kappa \to 0$ のとき 'poor control' と評価できる．

しかしながら，式 (4.68) の $J_{\min}$ を計算するためには，多項式 $E(z^{-1})$ のパラメータを得る必要がある．そこで，本手法では，閉ループデータから制御性能評価指標 κ を直接算出するために，文献 [58] の観測データを AR モデルで近似的に表現する手法を導入する．

いま，以下の式を考える．

$$\phi(t) - \overline{\phi} = \epsilon(t) + \sum_{i=0}^{M} \alpha_i(\phi(t-d-i) - \overline{\phi}) \tag{4.69}$$

$$\epsilon(t) := E(z^{-1})\xi(t) \tag{4.70}$$

ただし，$\overline{\phi}$ は $\phi(t)$ の平均，α_i は自己回帰パラメータ，M はその次数であり，パラメータ α_i は最小二乗法により同定する．ここで，同定のためにデータを N 個用いるとすると

$$\widetilde{\boldsymbol{\Phi}}(t) = \boldsymbol{X}(t)\boldsymbol{\alpha}(t) + \boldsymbol{\Xi}(t) \tag{4.71}$$

$$\widetilde{\phi}(t) := \phi(t) - \overline{\phi} \tag{4.72}$$

$$\widetilde{\boldsymbol{\Phi}}(t) := [\widetilde{\phi}(t), \widetilde{\phi}(t-1), \cdots, \widetilde{\phi}(t-N+1)]^{\mathrm{T}} \tag{4.73}$$

$$\boldsymbol{\alpha} := [\alpha_1, \alpha_2, \cdots, \alpha_M]^{\mathrm{T}} \tag{4.74}$$

$$\boldsymbol{\Xi}(t) := [\epsilon(t), \epsilon(t-1), \cdots, \epsilon(t-N+1)]^{\mathrm{T}} \tag{4.75}$$

$$\boldsymbol{X}(t) := \begin{bmatrix} \widetilde{\phi}(t-d-1) & \cdots & \widetilde{\phi}(t-d-M) \\ \widetilde{\phi}(t-d-2) & \cdots & \widetilde{\phi}(t-d-M-1) \\ \vdots & \ddots & \vdots \\ \widetilde{\phi}(t-d-N) & \cdots & \widetilde{\phi}(t-d-M-N+1) \end{bmatrix} \tag{4.76}$$

とおける．したがって，パラメータ $\boldsymbol{\alpha}(t)$ は次式により計算される．

$$\boldsymbol{\alpha}(t) = (\boldsymbol{X}(t)^{\mathrm{T}}\boldsymbol{X}(t))^{-1}\boldsymbol{X}(t)^{\mathrm{T}}\widetilde{\boldsymbol{\Phi}}(t) \tag{4.77}$$

このとき，式 (4.68) はデータ数 N を十分大きくとることを条件として，次式として与えられる．

$$\kappa = \frac{\left(\widetilde{\boldsymbol{\Phi}}(t) - \boldsymbol{X}(t)\boldsymbol{\alpha}(t) \right)^{\mathrm{T}} \left(\widetilde{\boldsymbol{\Phi}}(t) - \boldsymbol{X}(t)\boldsymbol{\alpha}(t) \right)}{\widetilde{\boldsymbol{\Phi}}(t)^{\mathrm{T}}\widetilde{\boldsymbol{\Phi}}(t)} \tag{4.78}$$

4.4.2　制御性能評価指標に基づく FRIT を用いた PID チューニング

　第 2 章でも述べたように，FRIT 法の特長は，一回の実験によって得られた入出力データ $u_0(t)$，$y_0(t)$ および，これらのデータから生成される擬似参照入力 $\widetilde{r}(t)$ によって，制御器の制御パラメータを直接的に算出することである．これまでに提案されている FRIT 法は，過渡状態のデータを用いて制御パラメータの計算を行うが，本節で提案する手法では定常状態に着目し，4.4.1 項の制御性能評価指標 κ を FRIT 法の計算に取り入れる [4]．

　図 4.12 に，PD-FRIT 法におけるブロック線図を示す．なお，設計者はあらかじめ所望の特性を有する参照モデルを付録 A.2 の式 (A.17) より設計する．このとき，得られた入出力データ $u_0(t)$，$y_0(t)$ と $C(z^{-1})$ の関係式は次式となる．

$$u_0(t) = \frac{C(z^{-1})}{\Delta} \left(\widetilde{r}(t) - y_0(t) \right) \tag{4.79}$$

$$C(z^{-1}) = K_P\Delta + K_I + K_D\Delta^2 \tag{4.80}$$

ただし，K_P，K_I，K_D はそれぞれ，比例ゲイン，積分ゲイン，微分ゲインである．

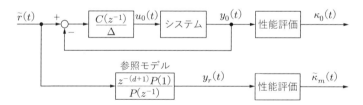

図 4.12　制御性能評価に基づく FRIT チューニングのブロック線図

　式 (4.79) より擬似参照入力 $\widetilde{r}(t)$ は，制御器と実験データから以下のように算出できる．

$$\widetilde{r}(t) = C(z^{-1})^{-1}\Delta u_0(t) + y_0(t) \tag{4.81}$$

このとき，式 (4.48) より出力データ $y_0(t)$ を用いて，$\phi_0(t)$ が算出できる．さらに，式 (4.78) から，$\phi_0(t)$ を用いて，一回の実験データにおける制御性能評価指標 κ_0 が得られる．

　ここで，擬似参照入力 $\widetilde{r}(t)$ に対する参照モデルの出力 $y_r(t)$ は次式で得られる．

$$y_r(t) = \frac{z^{-(d+1)}P(1)}{P(z^{-1})}\widetilde{r}(t) \tag{4.82}$$

ここで，擬似参照入力 $\widetilde{r}(t)$ に対応する入力 $\widetilde{u}_m(t)$ は，式 (4.82) を用いて次式で表現できる．

$$\widetilde{u}_m(t) = \frac{C(z^{-1})}{\Delta}\left(\widetilde{r}(t) - y_r(t)\right) \tag{4.83}$$

したがって，擬似参照制御性能評価指標 $\widetilde{\kappa}_m$ は次式で算出できる．

$$\widetilde{\kappa}_m = \frac{\left(\widetilde{\boldsymbol{\Psi}}(t) - \widetilde{\boldsymbol{X}}(t)\widetilde{\boldsymbol{\alpha}}(t)\right)^{\mathrm{T}}\left(\widetilde{\boldsymbol{\Psi}} - \widetilde{\boldsymbol{X}}(t)\widetilde{\boldsymbol{\alpha}}(t)\right)}{\widetilde{\boldsymbol{\Psi}}(t)^{\mathrm{T}}\widetilde{\boldsymbol{\Psi}}(t)} \tag{4.84}$$

このとき，

$$\widetilde{\boldsymbol{\alpha}}(t) = \{\widetilde{\boldsymbol{X}}(t)^{\mathrm{T}}\widetilde{\boldsymbol{X}}(t)\}^{-1}\widetilde{\boldsymbol{X}}(t)^{\mathrm{T}}\widetilde{\boldsymbol{\Psi}}(t) \tag{4.85}$$

$$\widetilde{\phi}(t) := P(z^{-1})y_r(t) + \lambda_i\Delta\widetilde{u}_m(t-d-1) - P(1)r(t-d-1) \tag{4.86}$$

$$\widetilde{\boldsymbol{\Psi}}(t) := [\widetilde{\phi}(t), \widetilde{\phi}(t-1), \cdots, \widetilde{\phi}(t-N+1)]^{\mathrm{T}} \tag{4.87}$$

$$\widetilde{\boldsymbol{X}}(t) = \begin{bmatrix} \widetilde{\phi}(t-d-1) & \cdots & \widetilde{\phi}(t-d-M) \\ \widetilde{\phi}(t-d-2) & \cdots & \widetilde{\phi}(t-d-M-1) \\ \vdots & \ddots & \vdots \\ \widetilde{\phi}(t-d-N) & \cdots & \widetilde{\phi}(t-d-M-N+1) \end{bmatrix} \tag{4.88}$$

である．

　FRIT 法により，κ_0 と $\widetilde{\kappa}_m$ の絶対誤差を最小化するように，たとえば，MATLAB Optimization Toolbox の 'fminsearch.m' を用いて制御パラメータを決定する．

　なお，制御対象が微分系の場合，すなわち，$(1-z^{-1})$ の零点をもつ場合，制御器の極と制御対象の零点とで極零相殺が生じ，定常偏差が発生する．目標値フィルタや積分器の導入などによって，それを回避する必要がある．

　FRIT 法を用いたパフォーマンス駆動型制御のアルゴリズムを以下にまとめる．

FRIT 法を用いたパフォーマンス駆動型制御アルゴリズム

STEP 1'　初期入出力データを取得する

STEP 2'　式 (4.79)，(4.84) の κ_0 と $\widetilde{\kappa}_m$ の絶対誤差を最小にする PID ゲインを算出する

STEP 3'　上記 STEP で算出した PID ゲインを制御系へ適用する

4.4.3　数値例

本手法の有効性を，数値例により検証する．なお，PD-FRIT 法における設計パラメータを表 4.1 にまとめる．また，本シミュレーションに用いたコンピュータのスペックを表 4.2 に示す．

制御対象としてプロセスシステムを想定し，次式の「一次遅れ＋むだ時間」系を考える．

$$G(s) = \frac{10}{1 + 100s} e^{-8s} \tag{4.89}$$

式 (4.89) をサンプリング時間 $T_s = 10\,\mathrm{s}$ で離散化すれば，式 (4.1) に含まれるシステムパラメータは以下のようになる．

$$A(z^{-1})y(t) = z^{-1}B(z^{-1})u(t) + \frac{\xi(t)}{\Delta} \tag{4.90}$$

$$\begin{cases} A(z^{-1}) = 1 - 0.905z^{-1} \\ B(z^{-1}) = 0.198 + 0.754z^{-1} \end{cases} \tag{4.91}$$

表 4.1　数値例における設計パラメータ

変数名	値	説明
r	5	目標値
σ	40	立ち上がり特性に関する係数
δ	0	減衰特性に関する係数
N	1000	データ数
M	20	自己回帰パラメータ次数

表 4.2　数値例に利用したコンピュータスペック

Processor	Intel(R) Core(TM) i7-4770 CPU 3.4 GHz
System type	64-bit operating system
Memory	16.0 GB
OS	Windows 8.1

ただし，ガウス性白色雑音 $\xi(t)$ は平均 0，分散 0.01^2 とする．いま，初期パラメータとして，以下の PID ゲインを適用した．

$$K_P = 0.75,\ K_I = 0.02,\ K_D = 0.75 \tag{4.92}$$

まず，固定の PID パラメータによる制御結果を図 4.13 に示す．また，図 4.14 に制御性能評価指数 κ の時間推移を示す．このとき，図 4.14 の κ は，定常状態の制御性能を評価するため，$t = 2000$ 以降から計算している．式 (4.68) の関係より，図 4.14 の κ が 0 に近い値をとっていることから，式 (4.92) の PID ゲインは調整が必要であ

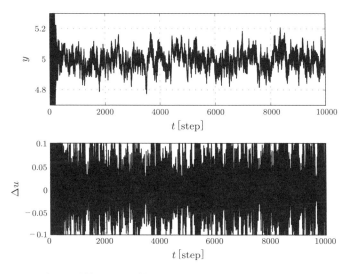

図 4.13　固定 PID 制御器による制御結果 $(K_P = 0.75, K_I = 0.02, K_D = 0.75)$

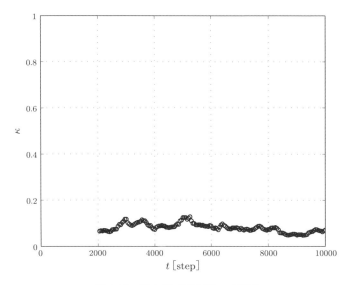

図 4.14　図 4.13 における κ の推移

るといえる．

　次に，PD-FRIT 法による制御結果を図 4.15，制御性能評価指数 κ の時間的推移を図 4.16，PID ゲインの時間的推移を図 4.17 に示す．このとき，図 4.17 における初期 PID ゲインは式 (4.92) と同じである．また，$t = 3000$ において，制御性能評価指標の算出と PID ゲインの調整が同ステップに行われている．具体的には，$t = 2000 \sim$

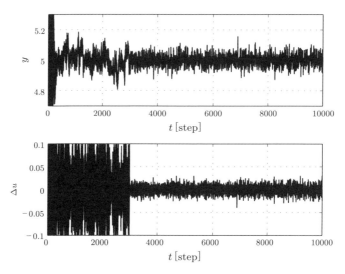

図 4.15　PD-FRIT 法における制御結果

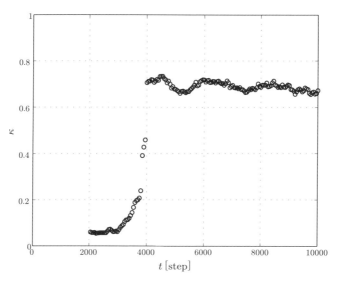

図 4.16　図 4.15 における κ の推移

2999 の 1000 step 分の入出力データを用いて，制御性能評価指数 κ を算出し，同様の
データを用いて，FRIT 法で次式の PID ゲインを算出した.

$$K_P = 0.43,\ K_I = 0.11,\ K_D = 0.01 \tag{4.93}$$

このように，本手法では「評価」と「設計」に共通データを用いていることに注意され

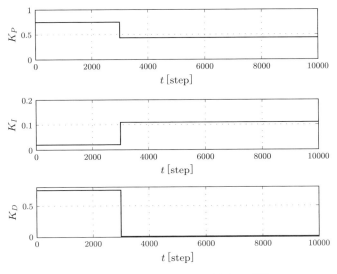

図 4.17 図 4.15 における PID ゲインの推移

たい．なお，上式の PID ゲインの算出において，'fminsearch.m' により算出された κ_0 と $\tilde{\kappa}_m$ の差は 1.62×10^{-6} となった．また，このときのオフライン計算時間は，表 4.2 のコンピュータにおいて 0.75 s であり，MATLAB を利用しているものの，化学プロセスのような比較的長いサンプリング時間の場合は，その時間内に計算が完了する．

図 4.15 から，PID ゲイン調整後，入出力の分散が抑えられており，図 4.16 から，制御性能が大きく改善していることがわかる．これにより，閉ループデータから，MV-index に基づいた PID ゲインを算出することの有効性が確認できる．

なお，図 4.16 では，$t = 3000 \sim 3999$ までの 1000 step をかけて制御性能が改善されている．これは表 4.1 にあるように，κ を算出するためのデータ数が $N = 1000$ であるからである．そのため，データ数が少なくなれば図 4.16 の κ の立ち上がりは速くなるが，反対に，κ のばらつきが大きくなる．

最後に，参考としてオンライン調整法である，文献 [62] による従来法（最急降下法を用いた手法）の制御結果を図 4.18〜4.20 に示す．ここで，従来法の最急降下法は，制御性能評価指数 κ が改善するように，制御パラメータを次式を用いて調整している．

$$\boldsymbol{K}(t) = \boldsymbol{K}(t - d) - \boldsymbol{\eta} \frac{\partial \kappa(t)}{\partial \boldsymbol{K}(t - d)} \tag{4.94}$$

$$\boldsymbol{K}(t) := [K_P(t),\, K_I(t),\, K_D(t)]^{\mathrm{T}} \tag{4.95}$$

このとき，$\boldsymbol{\eta}$ は各 PID ゲインの学習係数を表しており，すべて 0.02 と設定した．

図 4.15, 4.18 から，従来法は，PID ゲイン調整開始時刻である $t = 3000$ 以降で最急

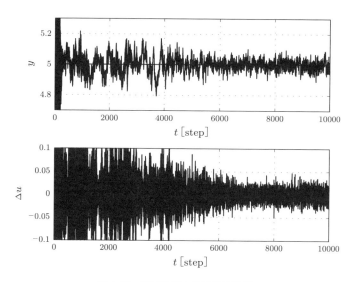

図 4.18　従来法における制御結果

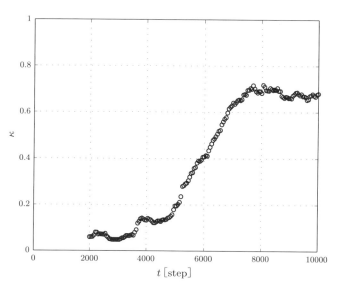

図 4.19　図 4.18 における κ の推移

降下法を用いているために，徐々に入出力の分散が小さくなっており，制御性能の改善に時間がかかっている．上記のことは，図 4.19 の κ の時間的推移からも確認でき，κ が $t = 3000$ 以降徐々に向上している．また，図 4.20 に最急降下法によるオンライン調整法の PID ゲインの時間的推移を示す．図 4.17 の PD-FRIT 法では，一回のみの PID ゲイン調整で十分な制御性能の改善がみられるが，従来法においては，最急降

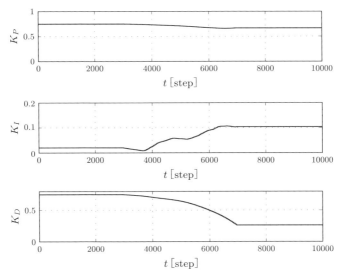

図 4.20 図 4.18 における PID ゲインの推移

下法を利用しているために，PID ゲインの調整幅が小さくなっていることがわかる．

4.4.4 温度制御装置への適用

■システム構成

ここで取り扱う温度制御装置とその構成図を図 4.21 に示す．本実験では，温水の流

（a）外観

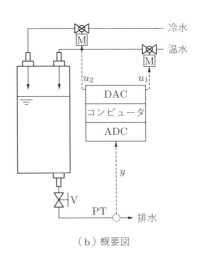

（b）概要図

図 4.21 温度制御装置

入量を調整することによって，水温を制御する．

水温 $y(t)$ [℃] は測温抵抗体 PT から計測され，その水温信号はコンピュータに送信される．コンピュータは得られる信号を A/D 変換することで受信している．コンピュータはアルゴリズム処理の後，D/A 変換した電気信号を弁に送信し，操作量である温水の弁の開閉度 $u_1(t)$ [%] を調整することでタンクに流す温水の量を調整する．本実験の操作量には，$0 \leq u_1(t) \leq 100$ の入力制限を設けている．

なお，冷水の電気弁の開閉度 $u_2(t)$ は 50 %に固定している．また，本装置では，温水は一定温度であるが，攪拌機のない別タンクに貯蔵されているため，温水の連続使用によって温度が低下もしくは上昇する場合がある．

■制御結果

本実験の設計パラメータを表 4.3 に示す．サンプリング時間は $T_s = 5.0\,\text{s}$ とした．

表 4.3　実機実験における設計パラメータ

変数名	値	説明
r	35	目標値
σ	10	立ち上がり特性に関する係数
δ	0	減衰特性に関する係数
N	400	データ数
M	20	自己回帰パラメータ次数

まず，閉ループデータを取得するために，ZN 法 [37] によって算出された以下の PID ゲインを用いて制御した結果を，図 4.22 に示す．

$$K_P = 14.1, \ K_I = 3.61, \ K_D = 13.7 \tag{4.96}$$

このときの MV-index は $\kappa_0 = 0.25$ であった．

次に，図 4.22 を閉ループデータとして PD-FRIT 法を適用した結果を図 4.23 に示す．このとき算出された PID ゲインを次式に示す．

$$K_P = 5.93, \ K_I = 3.07, \ K_D = 6.37 \tag{4.97}$$

なお，'fminsearch.m' により算出された κ_0 と $\tilde{\kappa}_m$ の差は 4.17×10^{-7} となった．図 4.23 は図 4.22 に比べ，入出力の分散が小さくなっていることがわかる．また，このときの MV-index は $\kappa = 0.80$ となり，$\kappa_0 = 0.25$ から PD-FRIT 法により制御性能が改善され，実機実験における PD-FRIT 法の有効性が確認できる．なお，$t = 200$ 付近の入出力の乱れに関しては，温水の連続使用によって入力温度が変化したことによるものと考えられる．

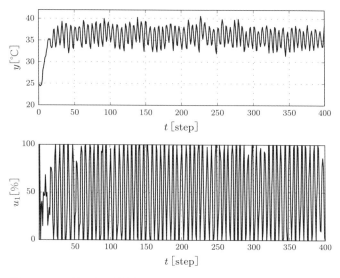

図 4.22　ZN 法による制御結果 $(K_P = 14.1, K_I = 3.61, K_D = 13.7)$

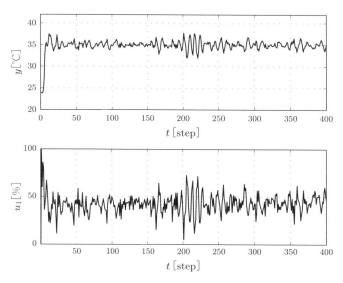

図 4.23　PD-FRIT 法による制御結果 $(K_P = 5.93, K_I = 3.07, K_D = 6.37)$

　以上，本節では，FRIT 法に基づき，閉ループデータのみを用いて「制御性能評価」と「制御系設計」を行う新しいパフォーマンス駆動型制御系の設計法を紹介した．本手法は，制御対象のシステムパラメータを同定することなく，制御性能評価を向上させる制御器が直接的に設計できるという特徴を有している．本手法の特徴を下記にま

とめる.

1. 「制御性能評価」と「制御系設計」を同一の指標 (minimum variance index: MV-index) から実行できる.
2. 定常状態の閉ループデータから，FRIT を用いて，MV-index を改善する制御パラメータをオフラインで算出できる.
3. 産業界に存在するシステム同定が困難な制御対象においても，システムモデルが不要なため，MV-index は導入しやすい.

第 **5** 章

小脳演算モデルを用いた PID 制御

5.1 小脳演算モデル (CMAC) の基本設計

小脳演算モデル (CMAC) は，人の小脳皮質内の情報処理機構の数学的モデルであり，Albus によって提案された一種のニューラルネットワークである．分散共有モデル構造（表参照構造）を有しており，入力（信号）に対して複数の荷重表を参照し，それぞれの荷重の総和が出力となる．また，学習を通して荷重表が修正されることで，非線形関数を近似することを可能にしている．

もう少し具体的に CMAC の構造について説明しよう．図 5.1 に，入力の次元が 2，荷重表の数 L が 3 の簡単な CMAC モデルを示す．まず，入力空間に $(3, 6)$ という入力が与えられると，それをラベル集合 $\{B, F, J\}$，$\{c, g, k\}$ に変換し，これらのラベルに基づいて荷重表から $8, 9, 3$ を参照することで，その合計である 20 を出力する．この入力に対して，たとえば 14 を出力するよう学習する場合，出力と教師信号の差を荷重表の枚数で割った値，すなわち $(14 - 20)/3$ を参照した荷重表に加え，学習を行う．こ

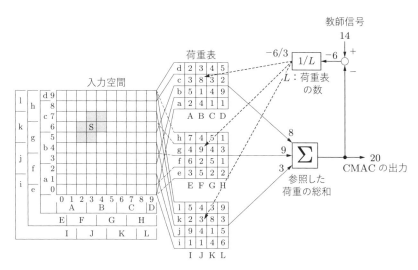

図 5.1　CMAC の構造

の学習の後，入力空間へ入力 $(4,5)$ が与えられると，CMAC はラベル集合 $\{B, G, J\}$，$\{b, g, k\}$ の荷重を参照し出力する．このとき，参照される荷重のうち $\{J\}, \{k\}$ の荷重は，前回の学習によって修正された荷重であることから，前回の学習の効果がほかの出力へ波及していると考えることができる．CMAC では，このような能力を汎化能力とよぶ．また，CMAC は，一回の学習において一部の荷重のみを修正するため学習に要する計算時間が短く，階層型ニューラルネットワークと比較して，高速な学習が可能である．

5.2　CMAC-PID 制御系の設計

図 5.2 に示すような，CMAC を用いた PID ゲインの調整機構（CMAC-PID 調整器）を有する PID 制御系を考える．ここでは，制御則として，次式に示す PID 制御則† を考える．

$$\Delta u(t) = K_P(t)\Delta e(t) + K_I(t)e(t) + K_D(t)\Delta^2 e(t) \tag{5.1}$$

式 (5.1) において $u(t)$ は操作量，$e(t)$ は制御偏差を示しており，$e(t) := r(t) - y(t)$ である．ここで，$r(t)$ は目標値，$y(t)$ は制御量を表す．また，$K_P(t)$，$K_I(t)$，$K_D(t)$ はそれぞれ各時刻における比例ゲイン，積分ゲイン，微分ゲインを示し，これらのゲインは 5.2.1 項における PID 調整機構により調整される．

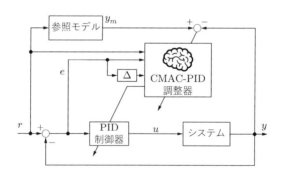

図 5.2　CMAC-PID 制御系

---

† 第 3 章で与えた I-PD 制御則でも設計は可能であるが，後述の CMAC-FRIT における勾配計算が異なるため，あえて PID 制御則を用いている．

5.2.1　CMAC に基づく PID ゲインの調整

図 5.2 における CMAC-PID 調節器の構造を図 5.3 に示す.

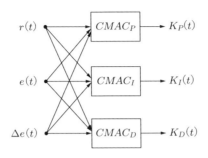

図 5.3　CMAC-PID 調整器の構造

CMAC-PID 調整器は PID ゲイン K_P, K_I, K_D に対して $CMAC_P$, $CMAC_I$, $CMAC_D$ の異なる三つの CMAC を有している. 5.1 節では, 説明の簡単化のために二次元の入力空間について述べたが, 以降で用いる CMAC の入力空間は $r(t)$, $e(t)$, $\Delta e(t)$ の三次元で構成する. このとき, それぞれのラベルの総数を n_1, n_2, n_3 とすると, CMAC への入力ベクトルの大きさは $n_1 \times n_2 \times n_3$ となり, これを L 枚の表に離散化する.

制御において CMAC-PID 調整器は, 現時刻の入力 $r(t), e(t), \Delta e(t)$ から PID ゲインを, 次式の荷重総和によって算出する.

$$
\begin{cases}
K_P(t) = \displaystyle\sum_{i=1}^{L} W_{P,i} \\[2mm]
K_I(t) = \displaystyle\sum_{i=1}^{L} W_{I,i} \\[2mm]
K_D(t) = \displaystyle\sum_{i=1}^{L} W_{D,i}
\end{cases}
\tag{5.2}
$$

$W_{\{P,I,D\},i}$ は, 図 5.3 における $CMAC_{\{P,I,D\}}$ の i 枚目 $(i = 1, 2, \ldots, L)$ の荷重表から参照される重みを示す. 前述のように, 図 5.1 の荷重表のすべての重みは, 初期 PID ゲインを荷重表の枚数 L で割った値で初期化されている. そのため, その入力空間にどの入力が与えられても, 固定 PID 制御器と同じ PID ゲインが出力される. そこで, 第 3 章のデータベース駆動型制御系の場合と同様に, オンラインで CMAC の荷重表を学習することを考える. 各荷重の学習則として, 以下の最急降下法を導入する.

$$\boldsymbol{W}_i \leftarrow \boldsymbol{W}_i - \boldsymbol{\eta} \frac{\partial J(t+1)}{\partial \boldsymbol{\theta}(t)} \frac{1}{L} \quad (i = 1, 2, \ldots, L) \tag{5.3}$$

$$\boldsymbol{\eta} := [\eta_P, \ \eta_I, \ \eta_D] \tag{5.4}$$

ここで，式 (5.3) の右辺第二項（重みの学習項）が各荷重表の枚数の総数 L で除されていることに注意されたい．ただし，$\boldsymbol{W}_i = [W_{P,i}, W_{I,i}, W_{D,i}]$，$\boldsymbol{\theta}(t) = [K_P(t), K_I(t), K_D(t)]$ を表している．また，$\boldsymbol{\eta}$ は各 CMAC に対する学習係数ベクトル，$J(t+1)$ は以下で定義される誤差の評価規範を表している．

$$J(t) := \frac{1}{2}\varepsilon(t)^2 \tag{5.5}$$

$$\varepsilon(t) := y_m(t) - y(t) \tag{5.6}$$

ただし，$y_m(t)$ は参照モデルの出力を表している．本章でも，参照モデルは付録 A.2 に基づいて設計する．また，DD-PID 制御系と同様に，式 (5.3) の学習則において，時刻 t における $\boldsymbol{W}_i$ が $J(t+1)$ に基づいて修正されていることに注意する．

学習則 (5.3) の右辺第二項の微分について，微分連鎖則を用いて，以下のように展開する．

$$\frac{\partial J(t+1)}{\partial \boldsymbol{\theta}(t)} = \frac{\partial J(t+1)}{\partial \varepsilon(t+1)} \frac{\partial \varepsilon(t+1)}{\partial y(t+1)} \frac{\partial y(t+1)}{\partial u(t)} \frac{\partial u(t)}{\partial \boldsymbol{\theta}(t)} \tag{5.7}$$

右辺を計算する．まず，式 (5.5), (5.6) より，それぞれの偏微分について次式を得る．

$$\frac{\partial J(t+1)}{\partial \varepsilon(t+1)} = \varepsilon(t+1) \tag{5.8}$$

$$\frac{\partial \varepsilon(t+1)}{\partial y(t+1)} = -1 \tag{5.9}$$

次に，式 (5.1) に基づき $\partial u(t)/\partial \boldsymbol{\theta}(t)$ を計算すると，それぞれの PID ゲインに対して次式を得る．

$$\frac{\partial u(t)}{\partial K_P(t)} = \Delta e(t) \tag{5.10}$$

$$\frac{\partial u(t)}{\partial K_I(t)} = e(t) \tag{5.11}$$

$$\frac{\partial u(t)}{\partial K_D(t)} = \Delta^2 e(t) \tag{5.12}$$

なお，式 (5.7) を計算するためには，システムヤコビアン $\partial y(t+1)/u(t)$ も求めなければならないが，ここでもシステムヤコビアンの符号は一定，あるいは既知であると仮定し，$|\partial y(t+1)/\partial u(t)|$ を学習係数 η に含ませて考える（詳細は，3.1.3 項の STEP 4 を参照のこと）．

以上の結果をまとめると，各 PID ゲインの学習則は以下のようにまとめられる（ただし，システムヤコビアンの符号は正であるとする）.

$$W_{P,i} \leftarrow W_{P,i} + \eta_P \cdot \varepsilon(t+1) \cdot \Delta e(t) \cdot \frac{1}{L} \tag{5.13}$$

$$W_{I,i} \leftarrow W_{I,i} + \eta_I \cdot \varepsilon(t+1) \cdot e(t) \cdot \frac{1}{L} \tag{5.14}$$

$$W_{D,i} \leftarrow W_{D,i} + \eta_D \cdot \varepsilon(t+1) \cdot \Delta^2 e(t) \cdot \frac{1}{L} \tag{5.15}$$

CMAC-PID 制御系の設計手法のアルゴリズムを以下にまとめる.

CMAC-PID アルゴリズム

STEP 1 初期 PID ゲインを CHR 法などの手法によって決定し，荷重表を初期化する

STEP 2 現時刻の入力 $r(t), e(t), \Delta e(t)$ から式 (5.2) を用いて PID ゲインを算出し，$u(t)$ を生成する

STEP 3 制御量 $y(t+1)$ を取得し，式 (5.13)～(5.15) に基づいて PID ゲインを修正し，CMAC-PID 調整器の荷重表を更新する

STEP 4 STEP 2 に戻る

5.2.2 数値例

CMAC-PID 制御系の有効性を数値例によって示す．制御対象として次式の Bilinear モデルが与えられるとする.

$$y(t) = 0.4y(t-1) + 0.3u(t-2) - 0.1u(t-3)$$
$$+ 0.1y(t-1)u(t-2) + 0.05y(t-2)u(t-3) + \xi(t) \tag{5.16}$$

ここで，$\xi(t)$ は平均 0，分散 0.05^2 のガウス性白色雑音である．制御対象の静特性を図 5.4 に示す．図 5.4 より，入力が大きくなればなるほど曲線の傾き（システムゲイン）が大きくなる様子が確認できる.

本シミュレーションでは，目標値を以下のように与える.

$$r(t) = \begin{cases} 4.0 \ (0 < t \leq 100) \\ 2.0 \ (100 < t \leq 200) \\ 5.0 \ (200 < t \leq 300) \\ 0.5 \ (300 < t \leq 400) \end{cases} \tag{5.17}$$

CMAC-PID 制御器における設計パラメータを表 5.1 にまとめる．これらのパラメー

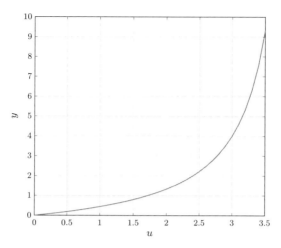

図 5.4 Bilinear モデルの静特性

表 5.1 設計パラメータ

変数名	値	説明	変数名	値	説明
L	3	荷重表の枚数	η_P	1×10^{-4}	
n_i	80	ラベル数	η_I	1×10^{-4}	学習係数
σ	5	立ち上がり時間	η_D	1×10^{-5}	
δ	0	減衰特性			

タの決定には，若干の試行錯誤を伴った．

　設計パラメータに基づく参照モデルの多項式は，次式で与えられる．ただし，サンプリング時間は $T_s = 1.0\,\mathrm{s}$ である．

$$G_m(z^{-1}) = \frac{z^{-1}P(1)}{P(z^{-1})} \tag{5.18}$$

$$P(z^{-1}) = 1 - 1.34z^{-1} + 0.449z^{-2} \tag{5.19}$$

　はじめに，固定 PID 制御器による制御結果を適用する．このときの PID ゲインは，CHR 法に基づき，次式のように設計した．

$$K_P = 0.174,\ K_I = 0.0224,\ K_D = 0.0174 \tag{5.20}$$

固定 PID 制御器によって得られた制御結果を，図 5.5 に示す．図より，制御対象の非線形性によって，各目標値に対する立ち上がり特性が大きく異なっていることがわかる．

　次に，CMAC-PID 制御器を用いた制御結果と PID ゲインの変遷を，図 5.6 および 5.7 に示す．なお，DD-PID 制御器の設計と同様に，荷重表を学習するためには数回

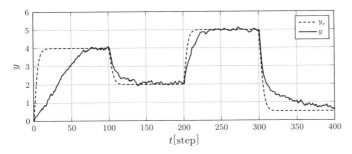

図 5.5 固定 PID 制御器による制御結果 ($K_P = 0.174$, $K_I = 0.0224$, $K_D = 0.0174$)

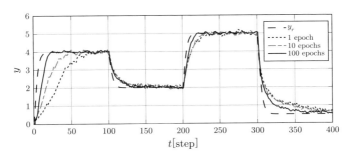

図 5.6 CMAC-PID 制御（オンライン学習）による制御結果

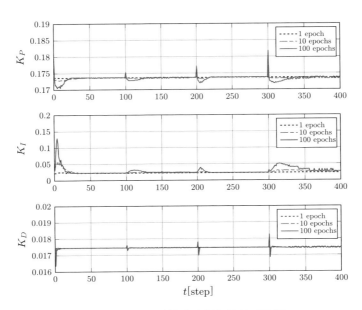

図 5.7 図 5.6 に対応する PID ゲインの変遷

の実験（試行）が必要となる．そのため，学習の推移をわかりやすくするために，学習 1 回目 (1 epoch)，学習 10 回目 (10 epochs)，学習 100 回目 (100 epochs) における制御結果を重ねて表示している．

　結果より，CMAC-PID 調整器によって，システムの非線形性に対して荷重表の学習が進むにつれて，適応的に PID ゲインが調整され，最終的には良好な応答が得られていることがわかる．しかしながら，第 3 章の DD-PID の場合と同様に，十分な性能を発揮するための荷重表を獲得するには，複数回の実験が必要になる．そこで，次節で CMAC-PID 制御にも FRIT 法を用いたオフライン学習を適用することを考える．

5.3　FRIT 法を用いた CMAC-PID 制御

5.3.1　CMAC-PID 調整器のオフライン学習アルゴリズム

　図 5.8 に示すような，FRIT 法を用いた CMAC-PID 制御器のオフライン学習 (CMAC-FRIT) 法を考える．まず，閉ループ系を安定化可能な PID ゲインをもつ固定 PID 制御器によって，実験データ $r_0(t), e_0(t), \Delta e_0(t)$ を取得し，これらのデータを用いてオフライン学習を行う．ここで，図中の $r_0(t), e_0(t)$ は，それぞれ実験によって得られた時刻 t における目標値ならびに偏差を表す．

　次に，閉ループデータ $r_0(t), e_0(t)$ を用いて，PID ゲインを式 (5.2) の荷重総和によって算出する．さらに，算出された PID ゲインに基づき，式 (5.21) に示す最急降下法によって荷重を学習する．

$$\boldsymbol{W}_i \leftarrow \boldsymbol{W}_i - \boldsymbol{\eta}' \frac{\partial J'(t+1)}{\partial \boldsymbol{\theta}(t)} \frac{1}{L} \quad (i = 1, 2, \ldots, L) \tag{5.21}$$

$$\boldsymbol{\eta}' := [\eta'_P, \ \eta'_I, \ \eta'_D] \tag{5.22}$$

ただし，$\boldsymbol{\eta}'$ はオフライン学習における学習係数であるが，オンライン学習と同じ学習

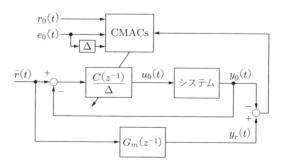

図 5.8　CMAC-FRIT 法による制御系のブロック線図

係数を用いても構わない．また，3.2 節の式 (3.46) と同様に，評価関数 $J'(t)$ は以下のように与えられる．

$$J'(t) := \frac{1}{2}\varepsilon'(t)^2 \tag{5.23}$$

$$\varepsilon'(t) := y_0(t) - y_r(t) \tag{5.24}$$

また，$y_r(t)$ は，擬似参照入力 $\tilde{r}(t)$ に対する参照モデル出力を表しているが，これも 3.2 節の式 (3.48) と同様に，

$$y_r(t) = G_m(z^{-1})\tilde{r}(t) \tag{5.25}$$

である．

ここで，制御則が式 (5.1) の PID 制御則として与えられると，擬似参照入力の導出が少し煩雑になる．そのためここでは，丁寧に導出する．まず，PID 制御則を次式として書き換える．

$$\Delta u(t) = C(z^{-1})e(t) \tag{5.26}$$

ただし，

$$C(z^{-1}) = c_0 + c_1 z^{-1} + c_2 z^{-2} \tag{5.27}$$

$$\begin{cases} c_0 = K_P(t) + K_I(t) + K_D(t) \\ c_1 = -(K_P(t) + 2K_D(t)) \\ c_2 = K_D(t) \end{cases} \tag{5.28}$$

である．FRIT 法における入出力関係式は，

$$u_0(t) = \frac{C(z^{-1})}{\Delta}(\tilde{r}(t) - y_0(t)) \tag{5.29}$$

$$C(z^{-1})\tilde{r}(t) = \Delta u_0(t) + C(z^{-1})y_0(t) \tag{5.30}$$

$$\begin{aligned} c_0\tilde{r}(t) = &-c_1\tilde{r}(t-1) - c_2\tilde{r}(t-2) + \Delta u_0(t) \\ &+ c_0 y_0(t) + c_1 y_0(t-1) + c_2 y_0(t-2) \end{aligned} \tag{5.31}$$

と表され，したがって擬似参照入力は，

$$\begin{aligned} \tilde{r}(t) = \frac{1}{c_0}\{&-c_1\tilde{r}(t-1) - c_2\tilde{r}(t-2) + \Delta u_0(t) \\ &+ c_0 y_0(t) + c_1 y_0(t-1) + c_2 y_0(t-2)\} \end{aligned} \tag{5.32}$$

$$\tilde{r}(t) = \frac{1}{K_P(t) + K_I(t) + K_D(t)}\big\{(K_P(t) + K_I(t) + K_D(t))y_0(t)$$

$$+ (K_P(t) + 2K_D(t))(\tilde{r}(t-1) - y_0(t-1))$$
$$- K_D(t)(\tilde{r}(t-2) - y_0(t-2)) + \Delta u_0(t)\}$$
$$\tag{5.33}$$

となる．上記の結果から，式 (5.21) の右辺第二項は，微分連鎖則に基づき，次のように展開される．

$$\frac{\partial J'(t+1)}{\partial \boldsymbol{\theta}(t)} = \frac{\partial J'(t+1)}{\partial \varepsilon(t+1)} \frac{\partial \varepsilon(t+1)}{\partial y_r(t+1)} \frac{\partial y_r(t+1)}{\partial \tilde{r}(t)} \frac{\partial \tilde{r}(t)}{\partial \boldsymbol{\theta}(t)}$$
$$= -P(1)\varepsilon(t+1)\frac{\partial \tilde{r}(t)}{\partial \boldsymbol{\theta}(t)} \tag{5.34}$$

ただし，

$$\frac{\partial \tilde{r}(t)}{\partial K_P(t)} = -\Gamma(t+1)\{(K_I(t) - K_D(t))e_0(t-1)$$
$$+ K_D(t)e_0(t-2) - \Delta u_0(t)\} \tag{5.35}$$

$$\frac{\partial \tilde{r}(t)}{\partial K_I(t)} = \Gamma(t+1)\{(K_P(t) + 2K_D(t))e_0(t-1)$$
$$- K_D(t)e_0(t-2) + \Delta u_0(t)\} \tag{5.36}$$

$$\frac{\partial \tilde{r}(t)}{\partial K_D(t)} = -\Gamma(t+1)\{(K_P(t) + 2K_I(t))e_0(t-1)$$
$$- (K_P(t) + K_I(t))e_0(t-2) - \Delta u_0(t)\} \tag{5.37}$$

であり，また，

$$e_0(t) := r_0(t) - y_0(t) \tag{5.38}$$

$$\Gamma(t+1) := \frac{1}{(K_P(t) + K_I(t) + K_D(t))^2} \tag{5.39}$$

である．

以上の結果をまとめると，各層の重みの学習則は次式のように書くことができる．

$$\boldsymbol{W}_i \leftarrow \boldsymbol{W}_i + \eta' P(1)\varepsilon(t+1)\frac{\partial \tilde{r}(t)}{\partial \boldsymbol{\theta}(t)}\frac{1}{L} \tag{5.40}$$

オフライン学習のアルゴリズムを以下にまとめよう．ただし，固定 PID ゲインによる操業データは，あらかじめ取得されているものとする．

┌─ CMAC オフライン学習アルゴリズム (CMAC-FRIT 法) ─────────

STEP 1' 操業データ $(r_0(t), e_0(t), \Delta e_0(t))$ を用いて，時刻 t における PID ゲインを式 (5.2) の荷重総和によって算出する

STEP 2'　式 (5.40) に基づき各荷重表の重みを修正する
STEP 3'　STEP 1' に戻る

5.3.2　数値例

5.2.2 項の数値例と同様のシステムに対し，CMAC-FRIT 法によるオフライン学習
で獲得された CMAC-PID 制御器を用いた結果を示す．このときの PID ゲインの初
期値，参照モデル，設計パラメータは，すべて 5.2.2 項と同じものを用いている．

図 5.5 で得られた固定 PID 制御器による制御結果に基づき，本節で示された CMAC-
FRIT 法のアルゴリズムによって CMAC-PID 調節器をオフラインで学習した．ただ
し，各 CMAC-PID 調整器の CMAC の重みのすべての初期値は，式 (5.20) の PID ゲイ
ンを荷重表の枚数 L で割った値に初期化している．ここでも DD-FRIT 法（式 (3.66)）
と同様に，学習の繰り返し回数に対して以下の指標 $J(epoch)$ を定義し，この値が十
分に小さくなるまでオフラインで繰り返し学習を行った．

$$J(epoch) = \frac{1}{N} \sum_{t=1}^{N} (y_0(t) - y_r(t))^2 \tag{5.41}$$

このときの学習曲線の推移を図 5.9 に示す．30 epochs までで大きく値が変化し，100
epochs 付近では学習曲線がほとんど収束していることがわかる．ここでは，学習が十
分に経過した 150 epochs のオフライン学習を行った CMAC 調整器を用いて，制御を
行った．制御結果を図 5.10 に，PID ゲインの推移を図 5.11 に示す．図 5.6 と比較す
ると，CMAC-FRIT 法を用いた学習によって，オンライン学習では 100 回の学習で獲
得した制御性能を，1 回の閉ループデータのみによって達成できることがわかる．こ
のように FRIT 法を用いたオフライン学習法は，DD-PID 制御系のみならず，ニュー
ラルネットワークの学習にも用いることができる．次節では，本手法の実用性を示す

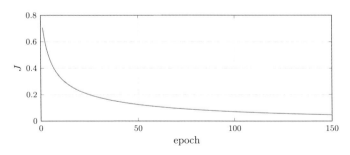

図 5.9　学習曲線の推移

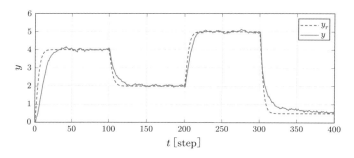

図 5.10 CMAC-PID 制御（オフライン学習）による制御結果

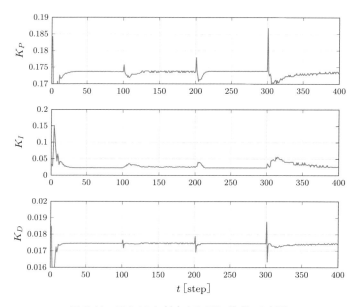

図 5.11 図 5.10 に対応する PID ゲインの変遷

ために，実験結果について紹介する．

5.3.3 磁気浮上装置への適用 [25]

図 5.12(a) に示す磁気浮上装置制御システムに対して，CMAC-FRIT 法を適用す
る†．実験に用いた磁気浮上装置制御システムの概要を，図 5.12(b) に示す．これらの

---

† データ駆動型制御系や CMAC 制御系はメモリサイズの制約上，マイクロコンピュータへの実装が困難で
あるため，ここでは，CMAC-PID 制御系を GMDH (group method of data handling) 法とい
う手法 [67] を用いて圧縮したものを実装している．ただし，文献 [25] ではその性能がほとんど変わらな
いことが示されているため，ここでは，CMAC-PID 制御器の結果として記載した．

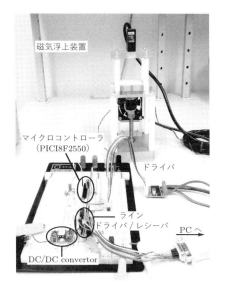

（a）外観

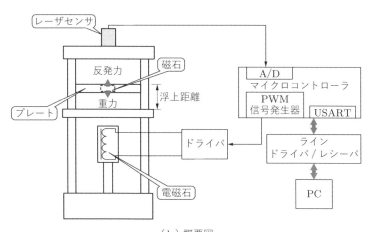

（b）概要図

図 5.12　磁気浮上装置

図からわかるように，制御システムは大きく分けて磁気浮上装置本体，ドライバ，マイクロコントローラによって構成されている．磁気浮上装置では，ドライバから供給される電流に応じて電磁石から磁力が発生する．一方，電磁石の上部にあるプレートには磁石が埋め込まれており，電磁石とプレート内の磁石の反発力によってプレートが浮上する．また，浮上距離は装置上部にあるレーザセンサによって計測され，距離に応じた電圧信号が，マイクロコントローラの A/D ポートへ入力される．マイクロコン

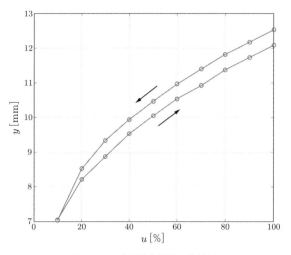

図 5.13   磁気浮上装置の静特性

トローラには CMAC-FRIT 法のアルゴリズムが搭載されており，目標距離との誤差
から，CMAC-PID 制御器がドライバへの入力 (duty ratio) を計算し，入力に応じた
PWM 信号が PWM 信号発生器から出力される．また，計測されたデータおよび PID
ゲインの変遷は，USART ポートから PC へ転送される．制御系のサンプリング時間
は $T_s = 0.1\,\mathrm{s}$ に設定した．ただし，実験装置の都合上，初期の入力を $u(0) = 100$ と
し，あらかじめプレートを浮上させている．図 5.13 に磁気浮上装置の静特性を示す．
図から，本実験装置のゲイン特性は非線形であるとともに，プレートの上昇と下降で
ヒステリシスを有していることがわかる．本実験では各時刻における目標値を次のよ
うに設定した．

$$r(t) = \begin{cases} 10.0 & (0 \le t < 1000) \\ 8.5 & (1000 \le t < 2000) \\ 11.0 & (2000 \le t < 3000) \\ 7.5 & (3000 \le t < 4000) \end{cases} \tag{5.42}$$

まず，初期実験データを固定 PID 制御によって取得する．このとき，初期の PID ゲ
インは CHR 法などの方法で求めることが困難であったため，あらかじめ実験によっ
て安定的に動作する PID ゲインを選択し，以下のように設定した．

$$K_P = 0.1, \ K_I = 0.1, \ K_D = 0.1 \tag{5.43}$$

このときの制御結果を図 5.14 に示す．

次に，図 5.14 のデータを用いて，CMAC-PID 制御系を構築し，生成された CMAC-

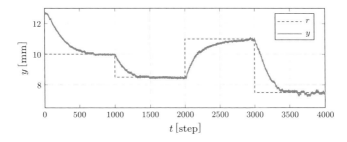

図 5.14　固定 PID 制御器による制御結果 ($K_P = 0.1,\ K_I = 0.1,\ K_D = 0.1$)

表 5.2　設計パラメータ

変数名	値	説明	変数名	値	説明
L	3	荷重表の枚数	η_P	1×10^{-4}	学習係数
n_i	11	ラベル数	η_I	1×10^{-3}	
σ	1.0	立ち上がり時間	η_D	1×10^{-4}	
δ	0	減衰特性			

PID 制御器をマイクロコントローラへ実装した．このときの CMAC-FRIT 法における設計パラメータを表 5.2 に示す．

　CMAC-PID 制御法による制御結果を図 5.15 に示す．また，このときの PID ゲインの変遷を図 5.16 に示す．図から，各目標値に応じて CMAC-PID 調整器が適切に PID ゲインを変更し，固定 PID 制御器に比べて速応性が大きく改善されていることがわかる．ただし，$t = 2000$ 付近で PID ゲインが大きく変動しており，とくに P ゲインが 0 付近の値をとっている．FRIT 法に基づく DD-PID 調整器や CMAC-PID 調整器の学習では，閉ループ系の目標値応答のみの最小化に基づいていることから，この結果のように立ち上がりにおいて PID ゲインが大きく変動する（結果的に入力の変動も大きくなる）可能性があることに注意されたい．

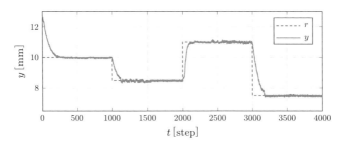

図 5.15　CMAC-PID 制御法による制御結果

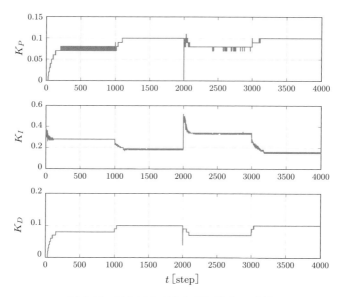

図 5.16　図 5.15 に対する PID ゲインの変遷

5.4　CMAC-PID 調整器によるスキル評価

　本節では，産業応用例として，CMAC-PID 調整器を用いた油圧ショベル操作時の
スキル評価について紹介する．まず，オペレータが油圧ショベル等の機械を操作する
場合，図 5.17 のブロック線図に示すように，オペレータをコントローラ，油圧ショ
ベル等の操作される機械を制御対象として考えることができる．ここでは，オペレー
タを PID コントローラと CMAC による PID 調整器の組み合わせとし，PID 調整器
にオペレータの操作データを用いて学習させることで，操作時の制御パラメータを算
出する．さらに，算出された制御パラメータを考察することで，オペレータの特徴を
抽出することができる．なお，このような操作データを用いて設計する CMAC-PID
制御器をスキルベースド CMAC-PID 制御器といい，次項でその操作データを用いた
CMAC の学習方法を述べる．

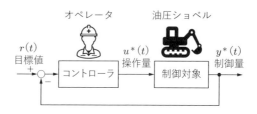

図 5.17　オペレータと操作される機械の関係を示すブロック線図

5.4.1　操作データを用いた CMAC の学習法

図 5.17 に示すように，オペレータの操作量 $u^*(t)$ で油圧ショベルが操作され，その制御量（出力）を $y^*(t)$ とする．さらに，PID コントローラと CMAC で構成されるパラメータ調整器により，オペレータをコントローラとして表現する．なお，ここで使用する PID 制御則は，オペレータが出力と制御偏差を考慮して操作していることを考え，以下の I-PD 制御則とする．

$$\Delta u(t) = K_I(t)e^*(t) - K_P(t)\Delta y^*(t) - K_D(t)\Delta^2 y^*(t) \tag{5.44}$$

ここで，PID ゲインを $K_P(t)$，$K_I(t)$，$K_D(t)$，制御誤差信号を $e^*(t) := r(t) - y^*(t)$，差分演算子を $\Delta := 1 - z^{-1}$ のように記述する．

PID ゲインは，CMAC からの出力として，式 (5.2) に示す各荷重表 $W_{\{P,I,D\},i}$ の総和により得られる．ここでは，上記のとおりオペレータが出力 $y^*(t)$ と制御誤差信号 $e^*(t)$ を考慮して操作していることを考え，これら CMAC の入力空間はそれぞれ $e(t)$，$y^*(t)$ および $\Delta y^*(t)$ とする．これらの荷重表 $W_{\{P,I,D\},i}$ は操作データを基に学習される．次に，学習手順を説明する．

学習手順は，まず油圧ショベルを操作し，その入出力データである $u^*(t)$ と $y^*(t)$ を取得する．次に，得られた油圧ショベルの出力 $y^*(t)$ を使用して，式 (5.44) の $u(t)$ を計算する．さらに，オペレータの操作量 $u^*(t)$ を教師信号として，$u(t)$ が $u^*(t)$ に近づくように次式で学習する．

$$\boldsymbol{W}_i^{new} \leftarrow \boldsymbol{W}_i^{old} - g(t)\frac{\partial J(t+1)}{\partial \boldsymbol{\theta}(t)}\frac{1}{L} \tag{5.45}$$

ここで，$g(t)$ は学習の度合いを決める学習係数，$J(t)$ は評価規範として以下のように定義され，係数 a，b，c は正の整数として，設計者により学習の速度を鑑みて決定される．

$$g(t) = \frac{1}{c + a \cdot \exp(-b|u^*(t) - u(t)|)} \tag{5.46}$$

$$J(t) := \frac{1}{2}\varepsilon(t)^2 \tag{5.47}$$

$$\varepsilon(t) := u^*(t) - u(t) \tag{5.48}$$

なお，式 (5.7) の微分連鎖則が，式 (5.47) と式 (5.48) の評価規範に基づき，次式で表されることに注意されたい．

$$\frac{\partial J(t+1)}{\partial \boldsymbol{\theta}(t)} = \frac{\partial J(t+1)}{\partial \varepsilon(t+1)}\frac{\partial \varepsilon(t+1)}{\partial u(t)}\frac{\partial u(t)}{\partial \boldsymbol{\theta}(t)} \tag{5.49}$$

5.4.2　実験方法

　油圧ショベルの旋回操作に対して，前述のスキルベースド CMAC-PID 制御器を適用する．使用する油圧ショベルは，図 5.18 に示すコベルコ建機株式会社製 SK200-9 アセラ・ジオスペックである．実験手順は，オペレータが操作レバーを最大に倒して加速を行った後に，旋回角度 90° を目標として機体を停止させる．この操作を 10 回繰り返す．なお，あらかじめ旋回角度 0° と 90° はオペレータが見える位置に目印を付けておく．ここで，システム出力 $y^*(t)$ は機体姿勢を示す旋回角度，操作量 $u^*(t)$ は旋回レバーの操作量に応じた操作圧力，データのサンプリング時間 T_s は人間の反応速度を考慮して 200 ms とする．また，スキル評価は減速時のみに適用し，加速時はレバーを最大に倒して加速するため，技量差のない操作であり，評価対象としない．

図 5.18　実験装置と方法

5.4.3　CMAC-PID 調整器の学習結果

　熟練オペレータと習熟度の低い非熟練オペレータのデータを取得し，それらの比較を実施する．上記実験手順に従い，それぞれのオペレータに対して入出力データ $y^*(t)$ と $u^*(t)$ を取得する．今回の実験では，熟練オペレータ 2 名，非熟練オペレータ 2 名のデータを取得した．なお，後述する操作スキルの特徴抽出は，ゲインの絶対値ではなく，その変化傾向を考察するため，取得したそれぞれのデータに対して，システム出力 $y^*(t)$ は目標値が 1 になるように，操作量 $u^*(t)$ は最大操作圧力が 1 になるように正規化する．これにより，システムゲインが異なる系に対しても，本手法を適用して同じ指標でスキル評価することができる．

　次に，$y^*(t)$ と $u^*(t)$ を使用して式 (5.44) に対して最小二乗法を実施し，PID ゲインの初期値を決定する．さらに，これらの初期値が出力されるように CMAC の初期荷重を調整した後に，上記学習法にて CMAC に対する学習計算を実施する．ここで，

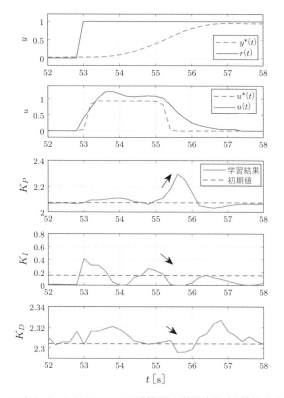

図 5.19　スキルベースド CMAC-PID 制御器の学習結果（非熟練オペレータ）

使用した CMAC は，ラベル数を 10，荷重表の総数 L を 10 とした．

　非熟練オペレータと熟練オペレータの PID ゲインの変化を比較するため，各 1 名分のデータのうち，非熟練オペレータは 52 秒から 58 秒，熟練オペレータは 71 秒から 77 秒の 1 サイクル分（6 秒間）の区間をそれぞれ抽出し，その結果を図 5.19 と図 5.20 に示す．

5.4.4　スキルの特徴抽出

■定性的スキル評価

　PID コントローラにおいて，比例動作は現在の制御誤差，積分動作は過去の情報や経験，微分動作は未来の予測を基に働くことが知られている[68]．PID コントローラの各動作役割と人の判断との関係性を表 5.3 に示す．

　図 5.20 の矢印に示すように，熟練オペレータの停止操作時における特徴として，比例ゲインの減少，積分ゲインの増加，微分ゲインの増加があげられる．一方で，非熟

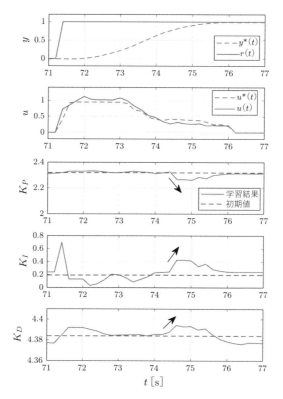

図 5.20　スキルベースド CMAC-PID 制御器の学習結果（熟練オペレータ）

表 5.3　PID コントローラの各動作役割と人の判断との関係性

動作	比例 (P) 動作	積分 (I) 動作	微分 (D) 動作
対象	制御誤差の大きさ	制御誤差の累積	制御誤差の変化の割合
時間領域の役割	現在	過去	未来
周波数領域の役割	ゲイン補償	位相遅れ補償	位相進み補償
制御性	安定性	追従性	速応性
人間の判断	現状判断	過去の経験	将来の予見

練オペレータは図 5.19 の矢印に示すように，比例ゲインの増加，積分ゲインの減少，微分ゲインの減少といった特徴があげられる．

　熟練オペレータは，積分ゲインを増加させて過去情報に基づき目標停止位置に対する追従性を確保する一方で，将来の状況に対して準備するため，すなわち停止時にオーバーシュートさせないために，微分ゲインを増加させる．さらに，安定性を確保するために，比例ゲインを低下させる．このように熟練オペレータは状況に応じて，PID ゲインを適切に変化させて，停止していることがわかる．

　非熟練オペレータの PID ゲインの変化は，熟練オペレータと反対の傾向を示している．積分ゲインが減少し，状況に応じた追従性が確保できておらず，微分ゲインも停止開始時には減少している．さらに，比例ゲインは停止開始時に急激に上昇している．そのため，非熟練オペレータは比例動作に頼った操作になっており，現状判断のみで操作していると推測される．

　このことから，現状判断のみで操作している非熟練オペレータは，操作レバー入力のタイミングがうまくあった場合のみ目標値で停止できるが，タイミングが合わないと目標値から逸脱してしまう．反面，過去と未来の状況を適切に判断して停止させている熟練オペレータは，何度繰り返しても同じように目標値で停止させることが可能となる．

■定量的スキル評価

　図 5.19 と図 5.20 より，熟練オペレータと非熟練オペレータの各ゲインの変化量が異なることがわかる．そこで，各ゲインの変化量を考察するため，各ゲインの差分 $\Delta K_P(t)$，$\Delta K_I(t)$，$\Delta K_D(t)$ を計算し，これらの標準偏差を計算した結果を表 5.4 に示す．この結果から，熟練オペレータは標準偏差が小さく，非熟練オペレータは標準偏差が大きいことがわかる．すなわち，熟練オペレータよりも非熟練オペレータのほうが急峻にゲインを変化させており，熟練オペレータのほうが変動量が少なく，穏やかにゲインを変化させていることが明らかである．

表 5.4　$\Delta K_P, \Delta K_I, \Delta K_D$ の標準偏差比較

オペレータ	熟練オペレータ 1	熟練オペレータ 2	非熟練オペレータ 1	非熟練オペレータ 2
ΔK_P	0.017	0.019	0.032	0.041
ΔK_I	0.051	0.060	0.063	0.075
ΔK_D	0.003	0.006	0.009	0.009

　オペレータをコントローラとして考えたときに，熟練オペレータはゲインを必要最小限の変化量としている．一方，経験の少ない非熟練オペレータにとっては，不必要にゲインを大きく変化させ，さらにはその判断が誤っていることがあり，適切に操作ができない．このように，操作データを用いてスキルベースド CMAC-PID 制御器を学習させ，その PID ゲインの変化を考察することにより，オペレータの操作特徴を評価することができる．

付　録

A.1　FRIT 法における最適化計算 [69]

　FRIT 法で用いる非線形最適化 [70] については，さまざまな方法が考えられるが，ここでは勾配を用いる基本的な非線形最適化の一つである，ガウス・ニュートン法について述べる．対象とする制御器は，式 (2.1) で表される PID 制御器であり，これに含まれる未知の制御パラメータベクトル $\rho(:= [K_P, K_I, K_D])$ を更新することを考える．ここでのパラメータ更新則，すなわち，ρ_i から ρ_{i+1} への更新則は

$$\rho_{i+1} = \rho_i - \gamma \left(\left. \frac{\partial J^2(\rho)}{\partial \rho \partial \rho^{\mathrm{T}}} \right|_{\rho = \rho_i} \right)^{-1} \left. \frac{\partial J(\rho)}{\partial \rho} \right|_{\rho = \rho_i} \tag{A.1}$$

で表される．$\gamma \in \mathbb{R}$ は収束速度を調整する設定パラメータである．なお，一般に勾配情報を用いる非線形最適化は，初期値がどこにあるかが重要であり，ここではデータ $\{u_0(t), y_0(t)\}$ の取得に用いた初期パラメータを ρ_0 とおく．

　ここで，この更新式についても簡単に説明しておこう．評価関数 J は ρ の関数であり，本節ではこのことを明記する意味で，評価関数を $J(\rho)$ として表す．

　まず，評価関数を $J(\rho)$ をある $\tilde{\rho}$ まわりでテイラー展開すると

$$J(\rho) = J(\tilde{\rho}) + (\rho - \tilde{\rho})^{\mathrm{T}} \left. \frac{\partial J(\rho)}{\partial \rho} \right|_{\rho = \tilde{\rho}}$$
$$+ \frac{1}{2}(\rho - \tilde{\rho})^{\mathrm{T}} \left. \frac{\partial^2 J(\rho)}{\partial \rho \partial \rho^{\mathrm{T}}} \right|_{\rho = \tilde{\rho}} (\rho - \tilde{\rho}) + O(\|\rho - \tilde{\rho}\|^3) \tag{A.2}$$

を得る．この展開の三次以上の項を打ち切ることで近似すると

$$J'(\rho) := J(\tilde{\rho}) + (\rho - \tilde{\rho})^{\mathrm{T}} \left. \frac{\partial J(\rho)}{\partial \rho} \right|_{\rho = \tilde{\rho}} + \frac{1}{2}(\rho - \tilde{\rho})^{\mathrm{T}} \left. \frac{\partial^2 J(\rho)}{\partial \rho \partial \rho^{\mathrm{T}}} \right|_{\rho = \tilde{\rho}} (\rho - \tilde{\rho}) \tag{A.3}$$

とできる．これはちょうど $\tilde{\rho}$ 近傍で $J(\rho)$ を凸関数 $J'(\rho)$ に近似している．その極値の条件を求めるため，式 (A.3) を ρ で微分しそれをゼロとおくと

$$\frac{\partial J'(\rho)}{\partial \rho} = \left. \frac{\partial J(\rho)}{\partial \rho} \right|_{\rho = \tilde{\rho}} + \left. \frac{\partial^2 J(\rho)}{\partial \rho \partial \rho^{\mathrm{T}}} \right|_{\rho = \tilde{\rho}} (\rho - \tilde{\rho}) = 0 \tag{A.4}$$

となり，この条件を満たす ρ が，$\tilde{\rho}$ 近傍で $J(\rho)$ を近似した凸関数の極小値となる．式 (A.4) を変形して，

$$\rho = \tilde{\rho} - \gamma \left(\left.\frac{\partial J^2(\rho)}{\partial \rho \partial \rho^{\mathrm{T}}}\right|_{\rho=\tilde{\rho}} \right)^{-1} \left.\frac{\partial J(\rho)}{\partial \rho}\right|_{\rho=\tilde{\rho}} \tag{A.5}$$

とすると，$\tilde{\rho}$ と ρ の関係を書き表すことができる．そこで，$\tilde{\rho}$ を現在のパラメータ ρ_i，ρ を次のパラメータ ρ_{i+1} とおくと，ρ_i から ρ_{i+1} へのパラメータの更新則

$$\rho_{i+1} = \rho_i - \gamma \left(\left.\frac{\partial J^2(\rho)}{\partial \rho \partial \rho^{\mathrm{T}}}\right|_{\rho=\rho_i} \right)^{-1} \left.\frac{\partial J(\rho)}{\partial \rho}\right|_{\rho=\rho_i} \tag{A.6}$$

を得ることができる．これらより，ガウス・ニュートン法とは，その概念図を図 A.1 に示したように，非線形関数 $J(\rho)$ を局所的に凸関数 $J'(\rho)$ に近似し，その最小値をもたらすパラメータを次のパラメータとして設定していくものである．なお，γ は更新の収束の速さを決めるパラメータであり，γ の値を大きくすると更新の程度も大きくなり，小さくすると更新の程度も小さくなる．

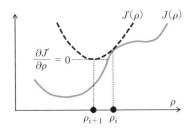

図 A.1　パラメータが一つの場合のガウス・ニュートン法の概念図

ここで，制御パラメータ ρ_i を用いた際の誤差 $\tilde{e}(\rho_i)$ を次式で与える．

$$\tilde{e}(\rho_i) = y_0(t) - G_m(z^{-1})\tilde{r}(\rho_i) \tag{A.7}$$

ただし，$\tilde{e}(\rho_i)$ は時間と共に変化する信号であるため，$\tilde{e}(t)$ と記すべきであるが，ここでは ρ_i に着目し，$\tilde{e}(\rho_i)$ としている．また，$G_m(z^{-1})$ は参照モデルである．さて，式 (A.1) で必要とされる勾配は，

$$\begin{aligned}
\left.\frac{\partial J(\rho)}{\partial \rho}\right|_{\rho=\rho_i} &= \left.\frac{\partial}{\partial \rho} \sum_{k=1}^{N} \tilde{e}(\rho)^2_{(k)}\right|_{\rho=\rho_i} \\
&= \left.\frac{\partial}{\partial \rho} \left(\tilde{e}(\rho)^2_{(1)} + \tilde{e}(\rho)^2_{(2)} + \cdots + \tilde{e}(\rho)^2_{(N)} \right)\right|_{\rho=\rho_i}
\end{aligned}$$

$$
= \left(2\frac{\partial \tilde{e}(\rho)_{(1)}}{\partial \rho}\tilde{e}(\rho)_{(1)} + 2\frac{\partial \tilde{e}(\rho)_{(2)}}{\partial \rho}\tilde{e}(\rho)_{(2)} + \cdots \right.
$$
$$
\left. + 2\frac{\partial \tilde{e}(\rho)_{(N)}}{\partial \rho}\tilde{e}(\rho)_{(N)} \right)\Bigg|_{\rho=\rho_i}
$$

$$
= 2\left[\begin{array}{cccc} \dfrac{\partial \tilde{e}(\rho)_{(1)}}{\partial \rho} & \dfrac{\partial \tilde{e}(\rho)_{(2)}}{\partial \rho} & \cdots & \dfrac{\partial \tilde{e}(\rho)_{(N)}}{\partial \rho} \end{array} \right] \left[\begin{array}{c} \tilde{e}(\rho)_{(1)} \\ \tilde{e}(\rho)_{(2)} \\ \vdots \\ \tilde{e}(\rho)_{(N)} \end{array} \right]\Bigg|_{\rho=\rho_i}
$$

$$
= \frac{\partial}{\partial \rho}\left(\tilde{e}(\rho)_{[1,N]}^{\mathrm{T}} \right)\Bigg|_{\rho=\rho_i} \tilde{e}(\rho_i)_{[1,N]} \in \mathbb{R}^3 \tag{A.8}
$$

と表される．なお，ここで $\tilde{e}(\rho)^{\mathrm{T}}$ を ρ で偏微分した勾配行列のサイズは

$$
\frac{\partial}{\partial \rho}\left(\tilde{e}(\rho)_{[1,N]}^{\mathrm{T}} \right)\Bigg|_{\rho=\rho_i} \in \mathbb{R}^{3\times N} \tag{A.9}
$$

である．また，式 (A.1) 中のヘシアンも勾配情報を用いると，

$$
\frac{\partial J^2(\rho)}{\partial \rho \partial \rho^{\mathrm{T}}}\Bigg|_{\rho=\rho_i} = \left(\frac{\partial}{\partial \rho^{\mathrm{T}}}\frac{\partial}{\partial \rho}\tilde{e}(\rho)_{[1,N]}^{\mathrm{T}}\Bigg|_{\rho=\rho_i} \right)\tilde{e}(\rho)_{[1,N]}
$$
$$
+ \frac{\partial}{\partial \rho}\left(\tilde{e}(\rho)_{[1,N]}^{\mathrm{T}} \right)\Bigg|_{\rho=\rho_i}\frac{\partial}{\partial \rho^{\mathrm{T}}}\left(\tilde{e}(\rho_i)_{[1,N]} \right)\Bigg|_{\rho=\rho_i} \in \mathbb{R}^{3\times 3} \tag{A.10}
$$

となるが，右辺第一項の二次微分は微小な影響として無視することで，

$$
\frac{\partial J^2(\rho)}{\partial \rho \partial \rho^{\mathrm{T}}}\Bigg|_{\rho=\rho_i} \simeq \frac{\partial}{\partial \rho}\left(\tilde{e}(\rho)_{[1,N]}^{\mathrm{T}} \right)\Bigg|_{\rho_i}\frac{\partial}{\partial \rho^{\mathrm{T}}}\left(\tilde{e}(\rho)_{[1,N]} \right)\Bigg|_{\rho_i} \in \mathbb{R}^{3\times 3} \tag{A.11}
$$

のように，一次微分された誤差ベクトルの二次形式として近似する．これらを更新則
式 (A.1) に代入することで，

$$
\rho_{i+1} = \rho_i - \gamma \left(\frac{\partial}{\partial \rho}\left(\tilde{e}(\rho)_{[1,N]}^{\mathrm{T}} \right)\Bigg|_{\rho_i}\frac{\partial \tilde{e}(\rho)_{[1,N]}}{\partial \rho^{\mathrm{T}}}\Bigg|_{\rho_i} \right)^{-1}\frac{\partial}{\partial \rho}\left(\tilde{e}(\rho)_{[1,N]}^{\mathrm{T}} \right)\Bigg|_{\rho_i}\tilde{e}(\rho_i)_{[1,N]} \tag{A.12}
$$

となる．

ここで，式 (A.12) で必要とされる偏微分は

$$
\frac{\partial \tilde{e}(\rho)_{[1,N]}}{\partial \rho^{\mathrm{T}}}\Bigg|_{\rho_i} = -G_m(z^{-1})\frac{\partial \tilde{r}(t)_{[1,N]}}{\partial \rho^{\mathrm{T}}}\Bigg|_{\rho_i}
$$

$$= G_m(z^{-1}) \frac{1}{C(\rho_i)^2} \left. \frac{\partial C(\rho)}{\partial \rho^{\mathrm{T}}} \right|_{\rho_i} u_0(t)_{[1,N]} \quad \in \mathbb{R}^{N \times m} \quad \text{(A.13)}$$

のように計算される. 式 (2.1) で表される PID 制御器の場合, 式 (A.13) 中における $\left. \frac{\partial C(\rho)}{\partial \rho^{\mathrm{T}}} \right|_{\rho_i}$ は,

$$\left. \frac{\partial C(\rho)}{\partial \rho^{\mathrm{T}}} \right|_{\rho_i} = \left[\begin{array}{ccc} \left. \frac{\partial C(\rho)}{\partial K_P} \right|_{K_{Pi}} & \left. \frac{\partial C(\rho)}{\partial K_I} \right|_{K_{Ii}} & \left. \frac{\partial C(\rho)}{\partial K_D} \right|_{K_{Di}} \end{array} \right]$$

$$= \left[\begin{array}{ccc} 1 & \dfrac{1}{1 - z^{-1}} & \dfrac{1}{q - 1} \end{array} \right] \quad \text{(A.14)}$$

のように, 結局はパラメータに関係のない有理関数ベクトルとなる. その要素にデータ $u_0(t)_{[1,N]}$ を適用するために, 誤差のデータの偏微分は

$$\left. \frac{\partial \tilde{e}(\rho)_{[1,N]}}{\partial \rho^{\mathrm{T}}} \right|_{\rho_i} = \frac{G_m(z^{-1})}{C(\rho_i)^2} \left[\begin{array}{ccc} u_{0[1,N]} & \left(\dfrac{1}{1 - z^{-1}} u_0 \right)_{[1,N]} & \left(\dfrac{1}{q - 1} u_0 \right)_{[1,N]} \end{array} \right]$$

$$\in \mathbb{R}^{N \times 3} \quad \text{(A.15)}$$

となる.

　非線形最適化はオフラインで行うために, 計算回数の増加はさほど問題にならない. そこで, 最適化の最中に $J(\rho_{i+1}) > J(\rho_i)$ になるような場合には, ステップ幅の γ を減らして再度 ρ_{i+1} を更新するといった工夫も可能である. また, ステップ幅の γ をすべてのパラメータで同一としなくても, 各パラメータの更新のオーダーに合わせて, $\gamma = (\gamma(1) \cdots \gamma(m))$ のようにパラメータごとに刻み幅を設定してもよい.

A.2 参照モデルの設計法

　参照モデル $G_m(z^{-1})$ が次式で与えられるとき, これに含まれる多項式 $P(z^{-1})$ の設計方法について述べる.

$$G_m(z^{-1}) = \frac{z^{-1} P(1)}{P(z^{-1})} \quad \text{(A.16)}$$

$$P(z^{-1}) = 1 + p_1 z^{-1} + p_2 z^{-2} \quad \text{(A.17)}$$

$P(z^{-1})$ は, 立ち上がり時間と減衰特性の二つを指定することで, 応答軌道, オーバーシュート, 整定時間をユーザが設定することができる. 連続時間系においては, これらの特徴に基づいて参照モデルを設計する実用的な方法が提案されている [71]. 連続時間系を離散化することで, 次の一次多項式や二次多項式の係数が得られる.

一次多項式の係数

$$p_1 = -e^{-\rho} \tag{A.18}$$

二次多項式の係数

$$\begin{cases} p_1 = -2e^{-\frac{\rho}{2\mu}}\cos\left(\dfrac{\sqrt{4\mu-1}}{2\mu}\rho\right) \\[2mm] p_2 = e^{-\frac{\rho}{\mu}} \\[2mm] \rho := \dfrac{T_s}{\sigma} \\[2mm] \mu := 0.25(1-\delta) + 0.51\delta \end{cases} \tag{A.19}$$

T_s はサンプリング時間，σ は立ち上がり時間に相当するパラメータを示しており，μ は応答の減衰特性に関連するパラメータで，δ によって調整される．このとき，$\delta = 0$ は二項展開形式モデルに相当する応答形状を示し，$\delta = 1.0$ は Butterworth 形式モデルに相当する応答形状となる．ここで，σ, δ は，制御性（速応性，安定性，定常特性など）に大きな影響を与える．設計の見通しをよくするために，事前情報から σ は，概ね時定数とむだ時間の総和の 1/3〜1/2 程度に設定し，δ は，実用的観点から $0 \leq \delta \leq 2.0$ として設定する．

　ここで，図 A.2 に，式 (A.19) の設計多項式 $P(z^{-1})$ を用いた参照モデル応答 $y_m(t)$ を示す．ただし，$T_s = 1\,\mathrm{s}$ とし，参照モデル応答 $y_m(t)$ は次式で表現される．

$$y_m(t) = \frac{z^{-1}P(1)}{P(z^{-1})}r(t) = G_m(z^{-1})r(t) \tag{A.20}$$

図 A.2(a) から，σ によって立ち上がり時間を設定することができ，図 A.2(b) から，

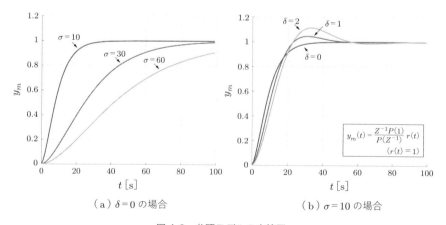

（a）$\delta=0$ の場合　　　　　　　（b）$\sigma=10$ の場合

図 A.2　参照モデルの応答図

δ によって振動特性を設定することで，参照モデル応答を任意に指定できることがわかる．

[1] データ指向型制御システム調査専門委員会編：データを診て予測する／制御する——Data, Data and Data，電気学会技術報告，No.1294 (2013)

[2] 山本透：データ指向型 PID 制御系の設計，計測と制御，Vol.47，No.11，pp.896-902 (2008)

[3] 計測自動制御学会，制御技術動向調査報告書 (1996)

[4] 相馬将太郎，金子修，藤井隆雄：一回の実験データに基づく制御器パラメータチューニングの新しいアプローチ——Fictitious Reference Iterative Tuning の提案，システム制御情報学会論文誌，Vol.17，No.12，pp.528-536 (2004)

[5] T. Yamamoto, K. Takao and T. Yamada: Design of a Data-Driven PID Controller, IEEE Transaction on Control Systems Technology, Vol.17, No.1, pp.29-39 (2009)

[6] A. Stenman, F. Gustafsson, and L. Ljung: Just in Time Models for Dynamical Systems, Proceedings of 35th IEEE Conference on Decision and Control, Vol.1, pp.1115-1120 (1996)

[7] J. Zhang, Y. Yim, and J. Yang: Intelligent Selection of Instances for Prediction Functions in Lazy Learning Algorithms, Artif. Intell. Rev., Vol.11, pp.175-175 (1997)

[8] A. Stenman: Model on Demand: Algorithms, Analysis and Applications, Ph.D. dissertation, Dept. Elect. Eng., Linköping University, Linköping, Sweden (1999)

[9] B. Huang and S. L. Shah: Performance Assessment of Control Loops: Theory and Applications, Springer (1999)

[10] B. Huang: A Pragmatic Approach Towards Assessment of Control Loop Performance. International Journal of Adaptive Control Signal Processing, Vol.17, 589-608 (2003)

[11] 山本透：モデリング性能評価に基づくパフォーマンス・アダプティブ PID 制御系の設計，電気学会論文誌 C，Vol.127，No.12，pp.2101-2108 (2007)

[12] T. Yamamoto, Y. Ohnishi and S. L. Shah: Design of a Performance-Adaptive Proportional-Integral-Derivative Controller for Stochastic Systems, Institution of Mechanical Engineers, Part-I, Journal of Systems and Control Engineering, Vol.222, pp.691-700 (2008)

[13] 山本透：「評価」と「設計」を統合したパフォーマンス駆動型セルフチューニング制御系の設計——1 パラメータチューニング法，計測と制御，Vol.48，No.8，pp.646-651 (2009)

[14] J. S. Albus: A New Approach to Manipulator Control: the Cerebellar Model Articulation Controller (CMAC), Transaction on ASME, Journal of Dynamic Systems, Measurement, and Control, Vol.97, No.3, pp.220-227 (1975)

[15] 黒住亮太，山本透：小脳演算モデルを用いたインテリジェント PID 制御系の一設計，電気学会論文誌 C，Vol.125，No.4，pp.607-615 (2005)

[16] M. C. Campi, A. Lecchini and S. M. Savaresi: Virtual Reference Feedback Tuning (VRFT): A direct method for the design of feedback controllers, Automatica, Vol.38, pp.1337-1346 (2002)

[17] T. J. Harris: Assessment of Control Loop Performance, Canadian Journal of Chemical Engineering, Vol.67, pp.856-861 (1989)

[18] M. J. Grimble: Controller Performance Benchmarking and Tuning using Generalized Minimum Variance Control, Automatica, Vol.38, pp.2111-2119 (2002)

[19] 山本透，兼田雅弘：一般化最小分散制御則に基づくセルフチューニング PID 制御器の一設計，システム制御情報学会論文誌，Vol.11，No.1，pp.1-9 (1998)

[20] 藤井憲三，大寶茂樹，山本透：石油・化学プロセスにおける PID 制御の新しい展開〜「評価」と「設計」を統合する新しいアプローチ〜，システム／制御／情報，Vol.52，No.8，pp.270-277 (2008)

[21] 久下本秀和，吉村誠司，橋爪悟，影山孝，山本透：プラント制御診断技術の開発と適用展開，計測自動制御学会論文集，Vol.47，No.9，pp.388-395 (2011)

[22] 木下拓矢，井上明法，大西義浩，山本透：FRIT を用いたパフォーマンス駆動型制御系の設計とその応用，システム制御情報学会論文誌，Vol.29，No.5，pp.202-209 (2016)

[23] 大松繁，山本透（編著）：セルフチューニングコントロール，計測自動制御学会学術図書，コロナ社 (1996)

[24] S. Omatu, M. B. Khalid and R. Yusof: Neuro-Control and its Applications, Springer-Verlag, London (1996)

[25] S. Wakitani, T. Nawachi, G. Martins and T. Yamamoto: Design and Implementation of a Data-Oriented Nonlinear PID Controller, Journal of Advanced Computational Intelligence and Intelligent Informatics (JACIII), Vol.17 No.5, pp.690-698 (2013)

[26] K. Koiwai, Y. Liao, T. Yamamoto, T. Nanjo, Y. Yamazaki, Y. Fujimoto: Feature Extraction for Excavator Operation Skill Using CMAC, Journal of Robotics and Mechatronics, Vol.28, No.5, pp.715-721 (2016)

[27] 金子修：データ駆動型制御器チューニング —FRIT アプローチ—，計測と制御，Vol.52，No.10，pp.853-859 (2013)

[28] O. Kaneko: Data-Driven Controller Tuning: FRIT Approach, 11th IFAC Workshop on Adaptation and Learning in Control and Signal Processing, Vol.46, No.11, pp.326-336 (2013)

[29] S. Souma, O. Kaneko and T. Fujii: A New Method of Controller Parameter Tuning Based on Input-Output Data -Fictitious Reference Iterative Tuning-, the 8th IFAC Workshop on Adaptation and Learning in Control and Signal Processing, Vol.37, No.11 pp.789-794 (2004)

[30] M. G. Safonov and T. C. Tsao: The Unfalsified Control Concept and Learning, IEEE Transactions on Automatic Control, Vol.42, No.6, pp.843-847 (1997)

[31] J. Kennedy and R. Eberhart: Particle Swarm Optimization, Proceedings of 1995 IEEE International Conference on Neural Networks, Vol.4, pp.1942-1948 (1995)

[32] 北野宏明（編）：遺伝的アルゴリズム，産業図書 (1993)

[33] N. Hansen: The CMA Evolution Strategy: a tutorial, http://www.hansen/cmatutotrial.pdf (2011)

[34] 加納学：直接的 PID 調整法 E-FRIT 公式サイト，http://e-frit.chase-dream.com/

[35] 須田信英（編著）：PID 制御，朝倉書店 (1992)

[36] 高尾健司，山本透，雛元孝夫：Memory-Based 型 PID コントローラの設計，計測自動制御学会論文集，Vol.40，No.9，pp.898-905 (2004)

[37] J. G. Zieglar and N. B. Nichols: Optimum Settings for Automatic Controllers, Transaction on ASME, Vol.64, No.8, pp.759-768 (1942)

[38] 足立修一，村上秀幸：Hammerstein モデルを用いた非線形同定に基づく一般化予測制御系の構成法，システム制御情報学会論文誌，Vol.8，No.3，pp.115-121 (1995)

[39] S. Wakitani, K. Nishida, M. Nakamoto, and T. Yamamoto: Design of a Data-Driven PID Controller using Operating Data, 11th IFAC Workshop on Adaptation and Learning in Control and Signal Processing, Vol.47, No.11, pp.587-592 (2013)

[40] 中西英二，花熊克友：プロセス制御の基礎と実践，朝倉書店 (1992)

[41] S. Wakitani, and T. Yamamoto: Design and Application of a Data-Driven PID Controller, Proceedings of 2014 IEEE Conference on Control Applications (CCA), pp.1443-1448 (2014)

[42] 岡田龍二，木下拓矢，山本透，土井貴広，高橋秀樹，原正純：米の計量機におけるデータベース駆動型制御系の一設計，電気学会研究会資料，CT19–96 (2019)

[43] 山内優，木下拓矢，脇谷伸，山本透，宮腰穂，原田真悟，矢野康英：データベース駆動型制御アプローチに基づく車両ドライバモデルの構築，電気学会論文誌 C，Vol.138，No.7，pp.910-911 (2018)

[44] 山内優，木下拓矢，脇谷伸，山本透，宮腰穂，原田真悟，矢野康英：データ駆動型制御を用いた車両ドライバーモデルの一設計，平成 29 年度電気学会電子・情報・システム部門大会　講演論文集，PS5-9，pp.1611-1613 (2017)

[45] 田村健太，澤田賢治，新誠一：自動車の前後制動力配分のシミュレーションモデルベース最適化，システム制御情報学会論文誌，Vol.30，No.5，pp.197-208 (2017)

[46] H. Ogata and T. Katayama: Skill Standards for Model Based Development Engineers in the Automotive Industry, 8th IFAC Symposium on Advances in Control Education Vol.8, No.24, pp.240-244 (2010)

[47] 脇谷伸，山本透，森重智年，足立智彦，原田靖裕，村岡正，仁井内進：自動車エンジニアを対象としたモデルベース開発 (MBD) 基礎研修と評価，工学教育，Vol.66，No.1，pp.60-66 (2018)

[48] 山本透，原田靖裕，脇谷伸，香川直己，足立智彦，沖俊任，原田真悟：実習で学ぶモデルベース開発──『モデル』を共通言語とする V 字開発プロセス，コロナ社 (2018)

[49] 木下拓矢，山本透：データ指向型カスケード制御系の一設計，電気学会論文誌 C，Vol.136，No.5，pp.703-709 (2016)

[50] K. L. Chien, J. A. Hrons, and J. B. Reswick: On the Automatic Control of Generalized Passive Systems, Transaction on ASME, Vol.74, pp.175-185 (1972)

[51] 幸福度に関する研究会：幸福度に関する研究報告──幸福度指標試案，内閣府 (2011)

[52] 革新的イノベーション創出プログラム COI STREAM（精神的価値が成長する感性イノベーション拠点），http://coikansei.hiroshima-u.ac.jp/

[53] M. G. Machizawa, G. Lisi, N. Kanayama, R. Mizuochi, K. Makita, T. Sasaoka, and S. Yamawaki: Quantification of Anticipation of Excitement with Three-Axial Model of Emotion with EEG, bioRxiv, 659979 (2019)

[54] I. P. Herman: Physics of the Human Body: Biological and Medical Physics, Biomedical Engineering, Springer-Verlag GmbH & CO. KG (2007)

[55] 特集「適応・学習制御の新しい潮流」，計測と制御，Vol.48，No.8 (2009)

[56] K. J. Åström, and T. Hägglund: PID Controllers: Theory Design and Tuning, Instrument Society of America, USA, second edition (1995)

[57] M. Jelali: An Overview of Control Performance Assessment Technology and Industrial Applications, Control Engineering Practice, Vol.14, No.5, pp.441-466 (2006)

[58] L. Desborough and T. J. Harris: Performance Assessment Measures for Univariate Feedback Control, The Canadian Journal of Chemical Engineering, Vol.70, No.6, pp.1186-1197 (1992)

[59] Y. Ohnishi, T. Yamamoto and S. L. Shah: Design of Performance Adaptive PID Controllers, Proc. of the 2011 4th Symposium on Advanced Control of Industrial Processes, Hangzhou, pp.331-336 (2011)

[60] Y. Ohnishi and S. L. Shah: Design of Performance-Driven Adaptive PID Controller, Proc. of IEEE International Conference on Industrial Technology, Mumbai, pp.2184-2189 (2006)

[61] Y. Ohnishi and S. L. Shah: Performance-Driven Adaptive PID Controller Design : Theory and Experimental Evaluation, Proc. of 8th International Symposium on Dynamics and Control of Process Systems (DYCOPS), Cancun, pp.433-438 (2006)

[62] 高尾健司, 大西義浩, 山本透, 雛元孝夫：制御性能評価に基づくパフォーマンス・アダプティブ PID コントローラの設計, 計測自動制御学会論文集, Vol.43, No.2, pp.110-117 (2007)

[63] 久下本秀和, 川田和男, 山本透：プラント運転データに基づく PID チューニング法, 計測と制御, Vol.47, No.11, pp.937-940 (2008)

[64] T. Yamamoto and S. L. Shah: Design and Experimental Evaluation of a Multivariable Self-Tuning PID Controller, IEE Proceedings of Control Theory and Applications, Vol.151, No.5, pp.645-652 (2004)

[65] S. Wakitani, T. Yamamoto, T. Sato and N. Araki: Design and Experimental Evaluation of a Performance-Driven Adaptive Controller, Proceedings of 18th IFAC World Congress, Milano, Vol.44, No.1, pp.7322-7327 (2011)

[66] 増田士朗, 山本透, 大嶋正裕：モデル予測制御-III—— 一般化予測制御 (GPC) とその周辺, システム／制御／情報, Vol.46, No.9, pp.62-68 (2002)

[67] A. G. Ivakhnenko: The Group Method of Data Handling: A Rival of the Method of Stochastic Approximation, Soviet Automatic Control, Vol.13, No.3, pp.43-55 (1968)

[68] 山本透, 大嶋正裕：プロセス制御の現在・過去・未来：計測と制御, Vol.42, No.4, pp.330-333 (2003)

[69] モデルフリー制御器設計の新展開——FRIT (Fictitious Reference Iterative Tuning) 法の基礎理論とその応用, 統計数理研究所公開講座 (2011)

[70] 福嶋雅夫：非線形最適化の基礎, 朝倉書店 (2001)

[71] 重政隆, 高木康夫, 市川義則, 北森俊行：制御系設計のための実用的な汎用参照モデル, 計測自動制御学会論文集, Vol.19, No.7, pp.592-594 (1983)

編 著 者 略 歴

山本 透（やまもと・とおる）
　1987 年　徳島大学大学院工学研究科情報工学専攻修士課程修了
　1987 年　高松工業高等専門学校助手
　1992 年　大阪大学助手
　1994 年　岡山県立大学助教授
　1999 年　広島大学助教授
　2005 年　同教授
　現在に至る　博士（工学）（1994 年大阪大学）

著 者 略 歴

金子 修（かねこ・おさむ）
　1999 年　大阪大学大学院基礎工学研究科博士課程後期単位取得満期退学
　1999 年　大阪大学助手
　2009 年　金沢大学准教授
　2015 年　電気通信大学教授
　現在に至る　博士（工学）（2005 年大阪大学）

脇谷 伸（わきたに・しん）
　2013 年　広島大学大学院工学研究科システムサイバネティクス専攻博士課
　　　　　程後期修了
　2013 年　東京農工大学助教
　2016 年　広島大学講師
　現在に至る　博士（工学）

木下 拓矢（きのした・たくや）
　2017 年　広島大学大学院工学研究科システムサイバネティクス専攻博士課
　　　　　程後期修了
　2017 年　日本学術振興会特別研究員（PD）
　2018 年　広島大学助教
　現在に至る　博士（工学）

大西 義浩（おおにし・よしひろ）
　1999 年　岡山県立大学大学院情報系工学研究科修士課程修了
　1999 年　呉工業高等専門学校助手
　2002 年　大阪府立大学大学院工学研究科博士後期課程修了
　2011 年　愛媛大学准教授
　2020 年　同教授
　現在に至る　博士（工学）

久下本 秀和（くげもと・ひでかず）
　1990 年　東京都立科学技術大学大学院電子情報系システム工学専攻修士課
　　　　　程修了
　1990 年　住友化学（株）入社
　現在に至る

小岩井 一茂（こいわい・かずしげ）
　2009 年　広島大学大学院教育学研究科博士課程前期修了
　2009 年　コベルコ建機（株）入社
　2015 年　広島大学大学院工学研究科コベルコ建機先端制御技術共同研究講
　　　　　座助教
　2018 年　広島大学大学院工学研究科システムサイバネティクス専攻博士課
　　　　　程後期修了
　2018 年　コベルコ建機（株）先端技術開発部モデルベースシステム機能開
　　　　　発グループ長
　現在に至る　博士（工学）

編集担当　藤原祐介・植田朝美（森北出版）
編集責任　上村紗帆（森北出版）
組　　版　中央印刷
印　　刷　　同
製　　本　ブックアート

データ指向型 PID 制御　　　　　　　ⓒ 山本　透 *2020*

2020 年 6 月 30 日　第 1 版第 1 刷発行　【本書の無断転載を禁ず】

編著者　山本　透
発行者　森北博巳
発行所　森北出版株式会社
　　　　東京都千代田区富士見 1-4-11（〒102-0071）
　　　　電話 03-3265-8341／FAX 03-3264-8709
　　　　https://www.morikita.co.jp/
　　　　日本書籍出版協会・自然科学書協会　会員
　　　　JCOPY ＜（一社）出版者著作権管理機構　委託出版物＞

落丁・乱丁本はお取替えいたします.

Printed in Japan／ISBN 978-4-627-79231-9